孩子最感兴趣的十万个为什么（美绘版）

唐 译◎编著

揭秘自然界的动物王国

Jiemi Ziranjie De
Dongwu Wangguo

企业管理出版社
ENTERPRISE MANAGEMENT PUBLISHING HOUSE

图书在版编目（CIP）数据

揭秘自然界的动物王国 / 唐译编著． -- 北京 ：企业管理出版社，2014.7
（十万个为什么）
ISBN 978-7-5164-0896-4

Ⅰ．①揭… Ⅱ．①唐… Ⅲ．①动物－青少年读物 Ⅳ．①Q95-49

中国版本图书馆CIP数据核字(2014)第136674号

揭秘自然界的 动物王国

唐　译◎编著

选题策划：	井　旭
责任编辑：	程静涵
书　　号：	ISBN 978-7-5164-0896-4
出版发行：	企业管理出版社
地　　址：	北京市海淀区紫竹院南路17号　邮编：100048
网　　址：	http://www.emph.cn
电　　话：	总编室（010）68701719　发行部（010）68414644
	编辑室（010）68701074　　　　　（010）68701891
电子信箱：	emph003@sina.cn
印　　刷：	北京市通州富达印刷厂
经　　销：	新华书店
规　　格：	170毫米×240毫米　16开　11印张　120千字
版　　次：	2015年1月第1版　2015年1月第1次印刷
定　　价：	25.00元

版权所有　翻印必究·印装有误　负责调换

探索自然界的动物王国

　　童年是人生旅途的起点，面对丰富多彩的大千世界，孩子们无不表示出强烈的好奇心。他们渴望了解这个世界，并想一探究竟。作为家长，应保护孩子的一颗童心，充分发挥孩子的想象力，帮助他们打开智慧之门。让孩子主动去探索生活中的奥秘，认识世界并丰富自己的眼界。在孩子成长的过程中，好奇心会越来越强，提问自然也越来越多，有智慧的家长往往不会让孩子的提问越积越多。好奇、好问、好动是孩子的天性，我们应加以爱护，并给他们充分的自由，允许他们大胆地去想象。即使对孩子的一些稀奇古怪的想法，家长也不能盲目否定，而应采取理解的方式，耐心解答，或提出问题引导他们继续思索。

　　孩子们提出的这些问题看似简单、幼稚，却涉及自然界中各个门类的知识，蕴含着很多科学道理。科学是个无比奇妙、无比神秘的王国，希望孩子们在不断提问中认识世界，增长知识。我们应该从小培养孩子对科学的兴趣，并慢慢学会用自己的聪明才智创造一个美好的明天。

　　为了解开这些千奇百怪的疑问，我们精心编写出孩子最感兴趣的《十万个为什么》系列丛书，本书着重为孩子们介绍天空及海洋动物的科普知识，并以通俗易懂的语言描绘出不同动物的生长环境及生长特点，为孩子们展现出一个绮丽、真实的动物世界。

　　当孩子真正走进动物生活的世界时，才明白它们的世界是一个充满危险和艰辛的世界。对动物来讲，阳光、水、温度……很有可能极度短缺，但是它们面对激烈的竞争生存压力，本着优胜劣汰的自然法则一代一代地繁殖，除此，它们还须拥有适应环境、保护自我的生存大谋略，这些生存谋略往往令人匪夷所思——你知道鸟睡觉时为什么常睁着眼睛？为什么鸟站在高压线上不会被电死？为什么企鹅爸爸也能孵蛋？为什么犀鸟要用泥和粪便堵住洞口？为什么猫头鹰爱睁一只眼闭一只眼？为什么海鸥会随着海轮飞翔？为什么杜鹃从来不筑巢？为什么鱼儿离不开水？为什么鱼死后总是会肚皮朝天？为什么螃蟹要"横行"？为什么鲨鱼允许小鱼游进它的嘴里？为什么海豚不睡觉……现在，跟我们一起走进这不可思议的动物王国！

　　与其他同类书不同的是，本书为每种动物都绘制了精美的珍贵的手绘图片，每幅图片清晰、逼真地再现了动物千奇百怪的形态及特征。同时书中围绕动物科普知识，穿插设计了"小博士趣闻"小栏目，大大增强了科普知识，同时也给读者的阅读过程增添了丰富的趣味性。

目录

揭秘自然界的
动物王国

1. 为什么鸟会飞 2
2. 为什么鸟不长牙齿 3
3. 为什么会有四只翅膀的鸟 4
4. 为什么鸟睡觉时常睁着眼睛 5
5. 为什么鸟在树枝上睡觉不会掉下来 6
6. 为什么鸟站在高压线上不会被电死 7
7. 为什么啄木鸟不会得脑震荡 8

8. 为什么鸟有三个眼睑 9
9. 为什么鸟不洗澡也很干净 10
10. 为什么鸟会变色 11
11. 为什么鸟能认路 12
12. 为什么鸟在寒冷的冬天不会被冻死 13
13. 为什么鸟的歌声婉转动听 14
14. 为什么鸟喜欢聚群而居 15
15. 为什么雄鸟通常比雌鸟美 16
16. 为什么称鹰为"鸟中之王" 17
17. 为什么说鹰是"千里眼" 18
18. 为什么企鹅的家安在南极 19
19. 为什么企鹅爸爸也能孵蛋 20
20. 为什么企鹅走起路来一摇一摆的 21
21. 为什么犀鸟要用泥和粪便堵住洞口 22
22. 为什么鸵鸟不会飞 23
23. 为什么鸵鸟把头埋进沙堆里 24
24. 为什么大雁会排成"一"字或"人"字飞行 25
25. 为什么鹦鹉能模仿人说话 26
26. 为什么虎皮鹦鹉会歪着脑袋看东西 27
27. 为什么称猫头鹰为"夜猫子" 28
28. 为什么猫头鹰爱睁一只眼闭一只眼 29
29. 为什么猫头鹰走路没有声音 30
30. 为什么说乌鸦是"灭害功臣" 31
31. 为什么孔雀要开屏 32
32. 为什么鸽子会成双成对 33
33. 为什么信鸽会送信 34

34. 为什么说燕子低飞要下雨 35
35. 为什么燕子的尾巴像剪刀 36
36. 为什么称天鹅为"爱的天使" 37
37. 为什么麻雀只会跳着走 38
38. 为什么说喜鹊为"田野卫士" 39
39. 为什么说海鸥是"天气预报员" 40
40. 为什么海鸥会随着海轮飞翔 41
41. 为什么称军舰鸟为"强盗鸟" 42
42. 为什么火烈鸟的嘴巴是弯的 43
43. 为什么火烈鸟的羽毛是红色的 44
44. 为什么有的鸟腿上套有一个金属环 45
45. 为什么鸟飞行时把双腿藏在身下 46
46. 为什么秃鹫的头是秃的 47
47. 为什么称秃鹫为"清道夫" 48
48. 为什么鸟有"偷"东西的嗜好 49

49. 为什么绿尾虹雉被称为"鸟国皇后"..................50

50. 为什么称卡西亚为"植物鸟"......................51

51. 为什么称它们为"贼鸥"..........................52

52. 为什么鸟类也是温血动物..........................53

53. 为什么营冢鸟造冢为家............................54

54. 为什么朱鹮鸟濒临灭绝............................55

55. 为什么蜂鸟能在空中悬停..........................56

56. 为什么称缝叶莺为"灵巧的缝纫女"..................57

57. 为什么说黄鹂是益鸟..............................58

58. 为什么鸟巢可以吃................................59

59. 为什么鸟蛋会呼吸................................60

60. 为什么杜鹃从来不筑巢............................61

61. 为什么信天翁偏爱狂风............................62

62. 为什么绿头鸭在八月不会飞........................63

63. 为什么说鹈鹕像"轰炸机"........................64

64. 为什么候鸟迁徙时不会走错路线....................65

65. 为什么琴鸟被称为"口技专家"....................66

66. 为什么鹤经常单腿站立............................67

67. 为什么被驯化的鸬鹚能捕鱼........................68

68. 鸳鸯真的会白头偕老吗............................69

69. 为什么鱼会有腥味................................70

70. 为什么鱼会睁着眼睛睡觉 71

71. 为什么深海里的鱼会发光 72

72. 为什么鱼会长鳞片 73

73. 为什么鱼要大量产卵 74

74. 为什么鱼儿离不开水 75

75. 为什么鱼不怕冷水 76

76. 为什么鱼要有鱼鳔 77

77. 为什么鱼会跳出水面 78

78. 为什么有的鱼非常容易被钓到 79

79. 为什么鱼的身上有侧线 80

80. 为什么鱼死后总是会肚皮朝天 81

81. 为什么有的鱼会有长长的"胡子" 82

82. 为什么海水里打捞上的鱼不是咸的 83

83. 小鱼可以吃大鱼吗 84

84. 为什么黄花鱼的鱼头里有"小石头" 85

85. 为什么天黑捕鱼时用灯能引诱鱼群 86

86. 为什么说珊瑚不是植物 87

87. 为什么水母没有牙齿却会咬人 88

88. 为什么海星没有脚却能走路 89

89. 为什么贝壳里会生出珍珠 90

90. 为什么乌贼要喷墨汁 91

5

91. 为什么螃蟹要"横行" 92
92. 为什么说章鱼是"海洋变色龙" 93
93. 为什么寄居蟹要背螺壳 94
94. 为什么螃蟹爱吐泡泡 95
95. 为什么鲨鱼的牙齿掉不完 96
96. 为什么电鳐能放电 97
97. 为什么鲨鱼允许小鱼游进它的嘴里 98
98. 为什么雄海马能生小海马 99
99. 为什么飞鱼会飞 100
100. 为什么射水鱼能喷水打中昆虫 101
101. 为什么弹涂鱼可以爬树 102
102. 为什么会有各种模样的金鱼 103
103. 为什么蝴蝶鱼会变色 104
104. 为什么旗鱼游得非常快 105
105. 为什么比目鱼的眼睛长在一侧 106
106. 为什么鳄鱼要流眼泪 107
107. 为什么鳄鱼爱吞石块 108
108. 为什么鳄鱼不属于鱼类 109
109. 为什么蜗牛爬过会留有亮亮的痕迹 110

110. 为什么海蜇没有眼睛却能够看见东西 111

111. 为什么盲鱼没有眼睛却可以生活 112

112. 为什么海豹是"出色的潜水员" 113

113. 为什么鲸和海豚不是鱼 114

114. 为什么海豚不睡觉 115

115. 为什么鲸鱼会搁浅 116

116. 为什么宽吻海豚特别聪明 117

117. 为什么说海象的牙是"特殊的工具" 118

118. 为什么海象的皮肤会变红 119

119. 为什么说鲸鱼的身上样样是宝 120

120. 为什么鲸鱼和海龟有流眼泪的习性 121

121. 为什么说虎鲸是最凶猛的海兽 122

122. 为什么抹香鲸的脑袋特别大 123

123. 为什么说"美人鱼"只是神话 124

124. 为什么海狮喜欢吃石头 125

125. 为什么海马是最不像鱼的鱼类 126

126. 为什么抹香鲸能潜入深海 127

127. 为什么说螺是"建造奇才" 128

128. 为什么磷虾会发光 129

129. 为什么蟹煮后会变成红色 130

130. 为什么海兽擅长潜水 131

131. 为什么海马有一对特别长的獠牙 132

132. 为什么鲸鱼在水里会喷水柱 133

133. 海龟是怎么呼吸的 134

134. 为什么叫它"八目鳗" ... 135
135. 为什么珊瑚和石油有密切联系 ... 136
136. 为什么叫它"斗鱼" ... 137
137. 为什么雌黄鳝会变成雄黄鳝 ... 138
138. 为什么泥鳅总是爱吐泡泡 ... 139
139. 为什么美洲虎鱼很凶悍 ... 140
140. 为什么田螺和蜗牛不能生活在一起 ... 141
141. 为什么蚌长期闭着壳不会被饿死 ... 142
142. 为什么有些贝类喜欢生活在石头里 ... 143
143. 为什么贝类身上要长壳 ... 144
144. 为什么不能用手去摸癞蛤蟆 ... 145
145. 为什么捞来的蝌蚪都变成了癞蛤蟆 ... 146
146. 牛蛙的肤色为什么会改变 ... 147
147. 为什么螃蟹断足后能重生 ... 148
148. 为什么总是找不到螃蟹的头 ... 149
149. 为什么海豚能救人 ... 150
150. 为什么说海豚是人类的好朋友 ... 151
151. 为什么人们不能直接吃河豚 ... 152
152. 为什么冬季在养鱼的河面上要凿许多小孔 ... 153
153. 鱼类也有自己的语言吗 ... 154
154. 为什么生长在贝壳里的动物叫软体动物 ... 155
155. 为什么蓝鲸要吃小鱼 ... 156
156. 为什么称它们为"医生鱼" ... 157
157. 为什么海龟上岸产卵 ... 158
158. 为什么热带鱼都很漂亮 ... 159
159. 为什么海里见不到青蛙 ... 160
160. 为什么鱼儿在水里会游来游去 ... 161

揭秘
自然界的

动物王国

愤怒的小鸟能撞毁大飞机，是这样吗

是的。飞机的飞行速度非常快，速度和产生的冲击力成正比，速度越快，冲击力就越大。所以，即使是一只小鸟，对飞机的破坏性也非常大。因此，在飞机起飞之前，机场普遍都会有驱逐鸟群的安全举措。

为什么鸟会飞

能像鸟一样自由自在地在天空飞翔已成为数代人的梦想，为此，人类刻苦钻研鸟能飞翔的奥秘，并由此发明了交通工具——飞机。那么，鸟类可以飞翔的奥秘究竟是在哪里呢？这主要归功于鸟类独特的身体构造。首先，鸟的流线型身形，大大减少了在空气中运动时遇到的阻力，为飞翔提供了有利条件。其次，鸟的骨骼坚薄而轻，骨头是空的，内充空气。这样减轻了飞行的重量，提高了飞翔的能力。第三，鸟的胸部肌肉十分发达，具有一条特别的"双重呼吸"系统，这保证了鸟在长途飞行期间氧气供应充足。

揭秘自然界的动物王国

为什么鸟不长牙齿

如果你观察过鸟的嘴巴，就会惊奇地发现：原来，鸟是不长牙齿的。这是因为，在鸟的食道中，有一个膨胀较大的部分叫做嗉囊，鸟把啄来的食物就暂时储存在这里；鸟的胃分为前、后两部分，前半部分叫前胃，后半部分叫砂囊。砂囊里面有许多砂子，一旦食物进入砂囊后，砂囊里的砂子就会将食物磨碎，然后返回前胃进行消化。这样，牙齿的功能已经被鸟类的砂囊代替了，所以鸟才不长牙齿。

小博士趣闻

世界上现存鸟类的总数

据统计，世界上现存的鸟类总数为8700种，而我国约有1180种。古生物学家从研究化石等方面推测，之前生活在地球上的鸟类可能多达15万种。也就是说，大部分鸟类已经或正在从地球上消失。所以，我们要更加爱护鸟类，做鸟类的好朋友。

为什么会有四只翅膀的鸟

见到两只翅膀的鸟在天空飞翔，这是很正常的事。可是，你听说过有的鸟长四只翅膀吗？在非洲森林和大草原中，生存着一种夜鹰，嘴短口大，鼻子呈管状，翅膀尖长，羽毛松软有杂斑，尾巴是凸尾。夜鹰在繁殖期间，雄鸟的两只翅膀上会分别长出一根长达60厘米的羽干，在羽干顶端生出广阔的羽毛，向身体的上后略为斜竖，犹如在空中随风飘舞的两面旗帜。当地人发现这种鸟的翅膀上又生出一对"翅膀"，所以称它为"四只翅膀的鸟"，也称它为"旗帜鸟"或是"旗翼夜鹰"。原来，雄鸟翅膀上的"旗翼"是来引诱雌鸟的，这是鸟类中罕见存有的繁殖行为。而当雌雄鸟交尾时，"旗翼"就会立即折断。

世界上存在没有翅膀的鸟吗

在新西兰生存着一种没有翅膀的鸟，它就是几维鸟。新西兰人把这种鸟尊为"国鸟"，把自己称为"几维人"。在新西兰的钱币、邮票、名信片上，也都可以看到几维鸟的图案。而很多物品的商标、营业店的牌号甚至用"几维"命名。以上都表明，几维鸟的品质、精神都深深烙在新西兰人的心里。

揭秘自然界的动物王国

为什么鸟睡觉时常睁着眼睛

为什么鸟在睡觉时常睁着眼睛？它们不会累吗？原来，它们是在窥探周围的情况，防御敌人的侵害。通常，鸟每分钟会睁眼10次，一旦发现周围有敌人，睁眼次数会增加到30~40次。虽然，鸟类在睡觉时一会睁眼一会闭眼，但是，它们的睡眠效果仍然与人类熟睡时差不多。当然，只要环境允许，鸟就会减少窥视次数，增加闭眼睛的时间，养精蓄锐，活力四射地迎接新的一天的生活。

鸟类睁眼的次数有区别吗

有。生物学家发现，由于鸟群的大小和鸟的性别的不同，鸟类睡眠时睁眼次数存在差异。当鸟群越大时，鸟的安全感也就越强，那么，它睁眼的次数会相对少一些。而且，在睡眠期间，雄鸟的睁眼次数会比雌鸟多，一方面是因为雄鸟长得比雌鸟漂亮，要多提防敌害，另一方面是因为，雄鸟要尽到"保护妻儿"的责任。

鸟类飞行时，会不会感到累

人如果长途跋涉会感到辛苦，鸟儿飞行时间久了也会感到很劳累。所以，除了捕捉食物或是遇到危险，鸟儿在天空中飞行的速度一般都很慢，如此一来，就可以节约体力，飞得更久。

为什么鸟在树枝上睡觉不会掉下来

当你看到鸟在树枝上睡觉，是不是很担心它们会掉下来？其实，这种情况是不会发生的。这主要得益于鸟趾部的构造，它十分适宜于抓住树枝。当鸟的爪抓住树枝时，它的腿骨会自动弯曲，此时鸟的体重都会集中在爪的后半部的骨骼上。这样就会紧紧抓住树枝。而且鸟的脑部很发达，擅长调整运动和转换视角，在睡觉时，也能够很好地保持身体的平衡，所以，鸟能在树上睡觉而不会掉下来。

揭秘自然界的动物王国

为什么鸟站在高压线上不会被电死

很多人都感到奇怪，为什么鸟站在高压线上，却不会被电死？原来，鸟只接触了一根电线，它的身体和脚所站立的那根电线是等电位，身体上就没有电流通过，所以它们不会触电。值得注意的是，当小鸟同时落在两根电线上时，当然也会触电。如果电线外面有绝缘胶皮时，即使小鸟站在两根电线上也不会触电。

鸟中的老寿星

鸟类中的长寿者不少，如大型海鸟信天翁的平均寿命为50~60年，大型鹦鹉可以活到100年左右。在英国利物浦有一只名叫"詹米"的亚马逊鹦鹉，生于1870年12月3日，卒于1975年11月5日，享年104岁，不愧为"鸟中的老寿星"。

啄木鸟是怎样捉虫的

啄木鸟首先用坚韧的喙凿开树干，找出躲在里面的昆虫，接着再用非同寻常的长舌头把昆虫逮住。

小博士趣闻

为什么啄木鸟不会得脑震荡

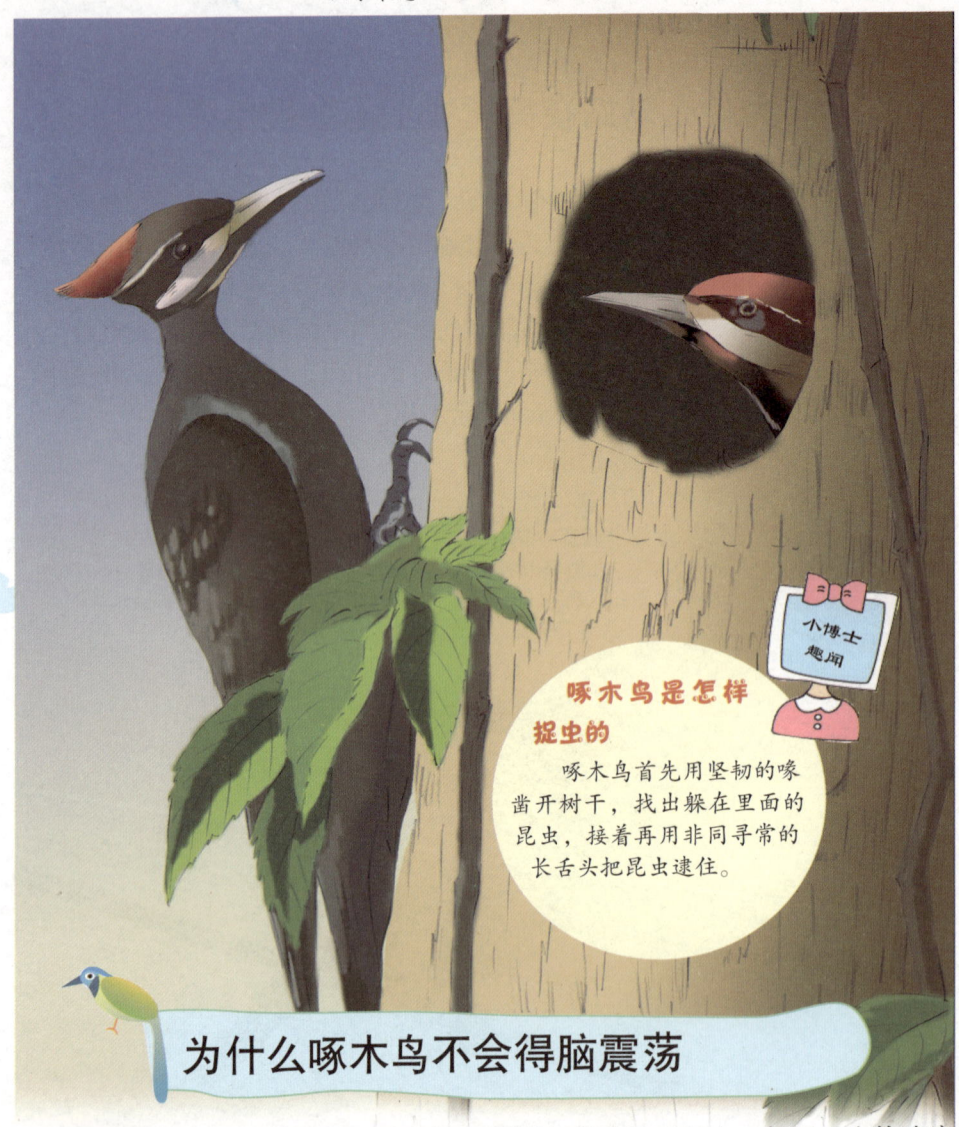

资料显示，每只啄木鸟一天大约发出啄木声500~600次，每啄一次的速度达到每秒555米，是空气中音速的1.4倍；而头部摇动的速度更加快，约每秒580米，比子弹出膛时速度还快。啄木时，啄木鸟头部所受的冲击力等于所受重力的1000倍。那么，为什么啄木鸟头部受到如此大的冲击力却安然无恙，不会发生脑震荡？

科学家解剖了啄木鸟的头部，发现其奥秘原来在于啄木鸟头部有一套严密的防震装置。它的头颅十分坚固，骨质却如同海绵般松软，里面充满气体，颅壳内有一层坚实的外脑膜，外脑膜与脑髓间有一狭窄的空隙，可减弱震波的传导。从头部的横切面显示，啄木鸟的脑组织十分密集。再加上啄木鸟头部两侧还有强劲的肌肉系统，起到防震作用。这样，啄木鸟啄树时，才不会发生脑震荡。

揭秘自然界的动物王国

为什么鸟有三个眼睑

你细心观察过鸟的眼睛吗?你会发现它有三个眼睑。它们分别为上眼皮、下眼皮和睑盖。这三个眼睑有什么作用呢?当鸟休息的时候,只使用睑盖。鸟既可以通过睑盖保持眼睛的湿润,又可以通过它去看东西。到了傍晚睡觉的时候,把上眼皮和下眼皮合闭起来。这样,鸟儿就真的什么也看不见了。

鸟类中飞行最高的鸟类

大天鹅和高山兀鹫是飞得最高的鸟类,都能飞越世界屋脊——珠穆朗玛峰,飞行高度达9000米以上,否则就可能会撞在陡峭的冰崖上丧生。

为什么鸟不洗澡也很干净

很多小朋友发出这样的疑问：为什么看不见鸟儿洗澡？它不洗澡会干净吗？其实这种担心是多余的。因为大多数鸟有汗液，所以不会像人类那样有汗泥味。有的鸟尾部有尾脂腺，鸟儿常用喙啄出尾脂腺油，涂抹在羽毛上，这样，羽毛既可以防水，又可以防止脏东西黏在身上。鸟类虽然没有膀胱，粪和便一块排出体外，但它们有个良好的卫生习惯，就是鸟儿一般不在鸟巢内或周围排便，这样可以保持鸟巢的清洁。

最凶猛的鸟——安第斯兀鹰

生活在南美洲安第斯山脉的悬崖绝壁之间的安第斯兀鹰，有"吃狮之鸟"和"百鸟之王"的称呼。体长可达1.2米，两翅展开达3米。它有一个坚强而钩曲的"铁嘴"和一对尖锐的爪，专吃活的动物，不仅吃鹿、羊、兔等中小型动物，甚至还捕食美洲狮等大型兽类。

揭秘自然界的动物王国

为什么鸟会变色

你知道鸟儿也有像变色龙一样能变色的本领吗？鸟儿能变色虽与环境、气候、食物等因素有关，但是决定条件是鸟的自身色素的变化。鸟的皮下有很多色素细胞，其中主要有黑、黄、红、白几种，细胞内有细胞颗粒。色素细胞直径为0.5微米～200微米，受中枢神经支配。当鸟眼感受到外界光线色调的变化时，它的视神经通过中枢神经，把变化信息传达给色素细胞，细胞内的颗粒就对应发生凝聚或弥散，通过这种聚散作用，来调节不同色素的分泌，从而使鸟的体色发生各种变化。

你知道鸟儿洗澡的方式都有哪些

鸟儿洗澡的方式真可谓千奇百怪。燕子、鸽子、猫头鹰等鸟类的洗澡方式有点像"闪电战"了，它们从空中俯冲入水，又快速地飞上空中。而鹌鹑、麻雀和山鸡等鸟类喜欢洗"沙浴"，也就是让羽毛和干净的沙子相磨擦，来清除羽毛上的灰尘、油污、寄生虫。最有趣的是"蚂蚁浴"。比如，乌鸦和白头翁喜欢落在蚁穴上，任凭蚂蚁在它们的身体上行走，或用嘴捕捉蚂蚁放在翅膀下搓擦羽毛，有时干脆直接躺在蚁窝里"洗澡"。让蚂蚁在羽毛中乱钻乱咬，将蚁酸留在鸟的身上，这样就能够达到驱除羽虱等寄生虫的目的。

为什么鸟能认路

当你看到鸟儿在天空中翱翔,有没有思考过这些鸟儿在靠什么认路?原来,鸟儿确定航线的参照物是太阳、星星,地球磁场则是它们不可或缺的"航标"。根据看不见的磁力确定方向,还必须要借助指南针,有生物学家认为,鸟儿的血液里有一种"电流计"具有指南针的作用。鸟儿根据自己体内的某种"电流计"测出电动势的大小,并据此判断自己航向的正误。以上就是鸟儿会认路的奥秘。

鸟群在飞行时,由谁确定方向

在候鸟群进行长途飞行时,你总会发现有一只"头鸟"领路,这只鸟作为整个鸟群的"向导",发挥着"总指挥"的作用,它有决定鸟群的活动方向和作息规律的权利,鸟群里所有的鸟都听从它的安排,跟随它飞到想飞的地方。

揭秘自然界的动物王国

为什么鸟在寒冷的冬天不会被冻死

在寒冷的冬天来临时,人们都会添加衣服。鸟儿们没有任何保暖的措施,却可以安然无恙不被冻死。这是怎么回事呢?原来,鸟儿会依靠身上丰厚的羽毛来储存热量。鸟的羽毛很轻,但是一片压着一片,犹如屋顶上的瓦片一样重叠着,这样羽毛不透气,风就无从吹入,在鸟的羽毛下面,还有一层细小的绒毛,绒毛里布满了空气,显得十分柔软,就像一条松软的毛毯;而且在寒冷的冬天,鸟儿也会吃大量的食物,维持身体的热量。

鸟类中尾羽最长的鸟类

日本用人工杂交培育成的长尾鸡,尾羽的长度十分惊人,一般长达6米~7米,最长的记录为1974年培育出的一只,为12.5米。如果让它站在四层楼房的阳台上,它的尾羽则可以一直拖到底楼的地面上,因此也是世界上最长的鸟类羽毛。

小博士趣闻

为什么鸟的歌声婉转动听

鸟类发出的悠扬婉转的声音，让其他动物望尘莫及，让它们赢得了动物界"歌唱家"的美誉，那么，这究竟是什么原因呢？这一切与它们独特的发声器官是分不开的。会唱歌的鸟的喉咙有两个声门裂，空气从这里穿流，便会转化为悦耳的声音。每次唱歌之前，鸟首先依靠心脏肌肉的动力将空气从两个皮囊压缩到肺里，这种双囊结构可以使鸟儿发出美妙的声音。同时，它们的双声破裂也能发挥类似音响的作用，高音在左边，低音在右边，从而使它们的歌声更加好听。

鸟儿是天生会唱歌吗

人们羡慕鸟发出的悦耳叫声，同时也纳闷：鸟儿是天生会唱歌吗？其实，鸟儿唱歌的本领不是天生的，而是后天学来的。鸟学唱歌的模式和人类差不多，年幼的时候，它得花不少时间来模仿学习成鸟的发音和歌声。资质最差的鸟也会在一年之内学会唱歌。会唱歌的绝大多数是雄鸟，它们用歌声寻偶或示威。

揭秘自然界的动物王国

为什么鸟喜欢聚群而居

在远古时代，人们有群居的习惯，而同样的生活习性在鸟类中也存在。据调查，在260种远洋鸟类中，98%以上的鸟类也是聚群而居的。那么，鸟类聚群而居的好处有哪些呢？首先，有利于它们捕食。它们花费较少的时间，就能觅到较多的食物。同时，聚群也是一种安全举措，群居的鸟类有利于防御敌人。这也是团结所显现出的力量。

游水最快的鸟

自然界游水速度最快的鸟为巴布亚企鹅，游水速度为每小时27.4千米。

● 孩子最感兴趣的十万个为什么 ●

为什么雄鸟通常比雌鸟美

在鸟类中存在一个现象：那就是雄鸟通常都比雌鸟长得美。这是什么缘故呢？原来，这与鸟类的求偶和繁殖习性有关，是鸟类长期适应环境的结果。当雄鸟具有了美艳的外表时，自然会招引更多的异性。它们会利用漂亮的羽毛来吸引雌鸟的注意。正是如此，许多鸟类中都存有"一夫多妻"的现象。而雌鸟承担着孵卵和育雏的任务，黑暗的羽毛与周围环境的颜色十分相近，有助于隐藏身份，安心在鸟巢中哺育下一代。

鸟类中雄鸟和雌鸟体重相差最大的鸟类

在鸟类中雄鸟和雌鸟体重差别最大的是：生活在欧亚大陆北部的大鸨，雄鸟体重为11千克～12千克，而雌鸟只有5千克～6千克。

● 揭秘自然界的动物王国

为什么称鹰为"鸟中之王"

作为公认的最凶猛的鸟——鹰，它的种类非常多，全世界共有287种。这些鹰几乎都是靠吃生肉或腐肉来生存。大雕能在瞬间捕获地面的野兽，甚至是狐狸和狼也难逃出它的利爪，这都是其他鸟类无法比及的。所以，人们又给鹰起了一个"鸟中之王"的称号。

最大的一种鹰是什么

美洲的秃鹫可以说是最大的一种鹰，它的体重达到11千克，双翅张开约有3米宽。

为什么说鹰是"千里眼"

鹰有一个响当当的绰号——"千里眼"。你知道这个名字是如何得来的吗？由于鹰的视网膜上的锥状细胞特别多，使它的视觉范围可以达到非常广，相当于人类视力的8倍；而且鹰的视网膜上有突出的像梳子一样的东西，它使得进入眼睛的影像变得更加清晰。这样，它就能清楚地看到远处的东西。

名字里面有"鹰"字的都是鹰吗

名字叫"鹰"的动物并不都是鹰。比如，猫头鹰就不是鹰，而属于鸮。"夜鹰"同样不是鹰，而是雨燕及蜂鸟的亲戚。

揭秘自然界的动物王国

企鹅的种类有多少

企鹅的种类很多,大概有十八九种。其中,帝企鹅是最大的一种企鹅。它们长得非常可爱,身穿白色的内衣,外面套着黑色的"燕尾服",走起路来迈着小步,左右摇晃。

为什么企鹅的家安在南极

你有没有好奇为什么企鹅会把家安在南极?据科学家研究,存在着以下可能:首先,企鹅是一种最古老的游禽,很可能在南极大陆穿上冰甲之前,它们就已经选择来此定居。南极具有海洋面宽广、食源充沛等有利条件,是企鹅安家落户的好地方。其次,漫长的进化,企鹅的羽毛变成了重叠密集的鳞片状。这种独特的"羽被"连海水也很难浸透,对身体起到保温作用。同时,企鹅厚实的皮下脂肪层也起到了维持体温的作用。最后,南极寒冷低温的环境,使很多动物望而却步,企鹅在这里不存在天敌,这是它们安全又适合的理想家园。

为什么企鹅爸爸也能孵蛋

企鹅爸爸也能孵蛋，这是奇闻但也是事实。原来这是企鹅所具有的独特天性，当企鹅妈妈产下蛋后，就会离开去寻找食物，把剩下的任务留给企鹅爸爸，由企鹅爸爸负责孵蛋。企鹅爸爸把两只脚并在一起，用嘴把蛋放在脚面上，再用自己温暖的肚皮把蛋盖上，开始孵育小企鹅蛋。这个过程一般要经过40～90天，一直等到企鹅妈妈回来。

揭秘自然界的动物王国

为什么企鹅走起路来一摇一摆的

你是否曾因为企鹅走路的姿势而忍俊不禁，这些长相可爱的企鹅，为什么走起路来会一摇一摆？这是因为企鹅的脚是蹼脚，脚的三个前趾之间由皮膜连在一起。这种脚型加大了和水的接触面，对在水中游泳划水增大推动力有很大的帮助。正是因为企鹅的脚蹼大，身体高，两条腿短又粗的特点，走起路来就一摇一摆的。

为什么犀鸟要用泥和粪便堵住洞口

你了解犀鸟的生活习性吗？你知道犀鸟用泥和粪便堵住洞口的行为吗？它们为什么会这样做呢？原来，犀鸟常把它们的家安在树洞里。在雌鸟孵化期，雌鸟留在洞内，帮助洞外的雄鸟合力用泥和粪便堵住洞口，只留一个小孔。这样，雄鸟每次从小孔处将食物送入巢内。当幼鸟独立后，雌鸟便打破洞口离开洞巢。这是雌鸟妈妈为了让幼鸟安全长大所采用的方式。

揭秘自然界的动物王国

为什么鸵鸟不会飞

你见过体形最大的鸟类吗？其实它就是鸵鸟。鸵鸟体重超过100千克，身高达2米多。可是体形威武的鸵鸟也有一个缺憾，那就是它不能飞翔。这是什么原因呢？其中，庞大身躯是阻碍鸵鸟飞翔的一个重要原因。另外一个原因就是鸵鸟与众不同的飞翔器官。鸵鸟的羽毛既无飞羽也无尾羽，更无羽毛保护器——尾脂腺。羽毛全部平均分布体表，它的飞翔器官高度退化，由于以上原因，鸵鸟失去了飞翔的能力。

小博士趣闻

鸵鸟有三件宝，你知道是什么吗

第一件宝是鸵鸟的双腿，鸵鸟一小时能跑几十里。

第二件宝是鸵鸟的长脖子，便于它追赶猎物和吃到食物。

第三件宝是鸵鸟的双翅。翅膀可以帮助它确定顺风的方向，危急时刻躲避敌害。而且鸵鸟漂亮、丰满的羽毛，是制作装饰品的材料。

孩子最感兴趣的十万个为什么

为什么鸵鸟把头埋进沙堆里

为什么鸵鸟有时会把头埋进沙堆里？它这样做的用意是什么呢？其实，这是鸵鸟在危急时刻惯用的自我保护的一种方法。每当鸵鸟遇到危险来不及逃跑时，都会把头颈平贴着地面，身体蜷成一团，或者是埋进沙堆里。利用自己暗褐色的羽毛伪装成岩石或是灌木丛，成功避开敌人的侵害。

什么蛋是世界上现存最大的蛋

世界上现存最大最重的蛋为非洲的鸵鸟蛋。它长有15厘米，宽有12厘米，重达1.5千克左右。

小博士趣闻

揭秘自然界的动物王国

大雁的总体特征是什么

体形较大,嘴的基部较高,和头部的长度几乎相等,上嘴的边缘有强大的齿突,嘴甲强大,占了上嘴端的全部。颈部较粗短,翅膀长而尖,尾羽一般为16～18枚。体羽大多为褐色、灰色或白色。

小博士趣闻

为什么大雁会排成"一"字或"人"字飞行

成群的大雁在天空飞翔时,会摆成"一"字或"人"字形。这是因为大雁飞行的路程很长,除了靠它们自己扇动翅膀飞行以外,还需利用上升的气流在天空中滑翔,使翅膀得到休息的空隙,以节省自己的体力。当雁群飞行时,前面雁的翅膀在空中划过,翅膀尖会产生一种微弱的上升气流,而后边的大雁为了利用这股气流,就紧跟在前雁翅膀间的后面飞,这样一个跟着一个,就成了我们看到的呈"一"字或是"人"字飞行的大雁。

孩子最感兴趣的十万个为什么

为什么鹦鹉能模仿人说话

你听过鹦鹉模仿人类的声音吗？这项本领是天生具备还是后天形成的呢？研究发现，鹦鹉的口腔较大，而且两条支气管交叉处的鸣管管壁十分薄，所以当空气通过时，就轻易能发出声来。而且，鹦鹉的舌头又细又长，还非常灵活，这也是它模仿人类发音的有利条件。同时，鹦鹉具有超强的记忆力。因为具备了以上的条件，再加上人们对它进行有意识的训练，经过一段时间，鹦鹉就能模仿人们发出简单的声调。

小博士趣闻

为什么金刚鹦鹉的嘴那么硬

金刚鹦鹉作为世界上最大的鹦鹉之一，它们的身长可达到1米。为了轻易地啄开大的果子和坚硬的巴西果，以及各种坚果，它们长了特别硬的嘴巴。凭借坚韧的嘴巴，鹦鹉就能啄开坚硬的果子，再用舌头把核肉吃掉。

揭秘自然界的动物王国

为什么虎皮鹦鹉会歪着脑袋看东西

你见过虎皮鹦鹉吗？这种鹦鹉有一种奇特的看东西的方式，那就是歪着脑袋看东西。虎皮鹦鹉的眼睛长在脑袋的两侧面，它们的视野十分开阔。只是当它们看近距离的物体时却很费劲，只有把脑袋弯过来，用一只眼睛正对着看，才能看清楚，这一点有点像我们拍照时用一只眼睛对焦的情形。

鹦鹉害怕什么样的天气

鹦鹉耐热不耐潮，在阴雨连绵的天气里，鹦鹉会感到非常痛苦。在天气闷热时，氧分子大量减少，鹦鹉的身体就会感到极度地不适应，在这个时候，主人最好开启空调，对室内空气进行降温除湿。同时，不要把鹦鹉放在空气不流通的阳台上。如果是冬天，尽可能地让鹦鹉呆在没有空气加湿器的屋子里，以防受潮生病。暖气对鹦鹉无大碍，而潮气却是鹦鹉的最大威胁。

孩子最感兴趣的十万个为什么

为什么称猫头鹰为"夜猫子"

你一定听说过猫头鹰有一个"夜猫子"的称号吧。不同于绝大多数的鸟类,猫头鹰的两只眼睛长在头部的正前方,眼球上缺少调节瞳孔缩放的肌肉,所以,不论白天还是夜晚,猫头鹰的瞳孔是一样大的。由于猫头鹰的眼睛上布满了能感觉较暗光线的圆柱细胞,因此即使是在黑暗中,它们也能看得很清楚。据分析数据表明,猫头鹰的视力要比人的视力高出3倍。并且,猫头鹰耳朵的构造和功能十分突出,它们的两只耳朵一大一小、一高一低,具有十分强的接受声音的能力,能够准确辨识猎物的方向。这些本领使猫头鹰能够游刃有余地对付那些夜间活动的老鼠,并因此获得了"夜猫子"的称号。

猫头鹰是不祥之鸟吗

不是。这是人们对猫头鹰的误解。我们不能因为猫头鹰长相凶恶,叫声难听,就认为它是不祥之鸟。其实猫头鹰是人类的好朋友。它主要以田鼠为食,它们一个夏天可以捕捉上千只田鼠,相当于保护了将近一吨的粮食。这样有益于我们的鸟类,我们一定要给它"正名"了。

揭秘自然界的动物王国

为什么猫头鹰爱睁一只眼闭一只眼

你观察过猫头鹰的生活习性吗？你知道猫头鹰喜欢睁一只眼闭一只眼吗？这是什么缘故？我们都知道猫头鹰是夜行性鸟类，它只在夜间出来活动，而对白天的强烈阳光很不适应。白天，阳光刺激到它的眼睛，所以它不能一直睁大眼睛，只好睁着一只眼睛，而闭一只眼睛养神。可是，一旦察觉到什么情况，猫头鹰就会立刻睁开两只眼睛，巡视周围。

为什么猫头鹰向左右看时，整个头一起转动

因为猫头鹰的大眼睛是直直地向前看的，眼珠子不能转动。所以，在猫头鹰左顾右盼时，必须整个头跟着一起转动。

为什么猫头鹰走路没有声音

猫头鹰有自然界的"隐形飞行器"的美誉。不同于其他鸟类,羽翼划开空气时有轻微的响声。猫头鹰在飞行过程中几乎没有声音,又是怎么回事呢?科学家们判断,这一特性与猫头鹰翅膀的特殊结构有关。猫头鹰的翅膀虽然宽大,但它的羽毛却非常蓬松、柔软,上面还布满了很多细密如天鹅绒般的羽绒。另外,猫头鹰的翅膀尖部还有一层锯齿状的羽毛,这些特殊的结构可以减少猫头鹰飞行时与空气之间产生的摩擦,使它们能够来去无声。据研究,猫头鹰飞行时产生的声波频率小于1千赫,而普通动物是感觉不到如此低的声波频率的,这更便于猫头鹰快速向猎物发出攻击,并且有所斩获。

猫头鹰的分布范围

猫头鹰(也作枭、鸮)是现存鸟类种在全世界分布最广的鸟类之一。除了北极地区以外,世界各地都可以见到猫头鹰的踪影。我国常见的种类有雕鸮、鸺鹠、长耳鸮和短耳鸮。

揭秘自然界的动物王国

为什么说乌鸦是"灭害功臣"

人们常说,"天下乌鸦一般黑"。乌鸦因其长相难看,声音粗哑,而被人们当做不吉利的象征。其实,人们错怪了乌鸦,它可是灭害的功臣。乌鸦是雀形目鸦科数种黑色鸟类的俗称。分布几乎遍及全球,共有36种,中国有7种,大多为留鸟。乌鸦不仅进食像螟蛾幼虫、金龟子幼虫、鼠这类的害虫,而且还爱吃其他动物腐烂的肉和一些废弃物,有"清道夫"的美誉。

哪一种乌鸦个体最大

小博士趣闻

渡鸦是乌鸦中个体最大的,体长约600毫米,通体黑色,体羽大部分以及翅、尾羽都有蓝紫色或蓝绿色金属闪光,嘴形粗壮。在西藏自治区海拔3000米以上的高原和山区岩缝中筑巢。

为什么孔雀要开屏

你见过孔雀开屏的情形吗？它这样做是为了显示它的美丽，还是有别的原因？原来这是孔雀在保护自己。在孔雀的大尾屏上，我们可以看到五色金翠线纹，其中散布着许多近似圆形的"眼状斑"，这种斑纹从内至外是由紫、蓝、褐、黄、红等颜色组成的。当孔雀遇到敌人而又来不及躲避时，就会即刻开屏，然后抖动它"沙沙"作响，很多的眼状斑随之乱动起来，敌人害怕这种"多眼怪兽"，也就不敢贸然前进了。另外，孔雀开屏也是鸟类的一种求偶表现，每年四五月生殖季节到来时，雄孔雀常将尾羽高高竖起，宽宽地展开，争奇斗艳。雌孔雀则根据雄孔雀羽屏的艳丽程度来选择配偶。

揭秘自然界的动物王国

为什么鸽子会成双成对

如果你对鸽子略有观察，就会发现它们总是成双成对地出现，这是为什么呢？其实，这样做是为了更好地延续它们的后代。经过漫长时间的演化，在一起飞的一对鸽子中，总有一只雌鸽，一只雄鸽，它们成双成对地出现，有利于繁育后代，从而保持整个鸽群的兴旺发展。

鸽子的飞行记录

鸽子每天可以飞行1000千米。1845年，一只鸽子从非洲起飞，55天后因过度疲劳，死于伦敦附近离鸽棚只有1500米的地方，它至少飞行了8700千米，创造了惊人的飞行记录。

33

为什么信鸽会送信

在通信工具还不发达的年代，人们常采用信鸽送信，你知道飞鸽如何会有这项本领吗？这是由飞鸽独特的生理条件所决定的：信鸽能找到回家的路，可以进行长距离的飞行，并且飞行速度非常快，记忆力和视力都很好。在信鸽两眼之间突起处，能在长途飞行中测量地球磁场的变化。在晴天时，信鸽利用太阳光来"导航"，它们体内的生物钟可以对太阳的移动进行校正，选择方向。在阴天时，信鸽则利用地球磁场来为自己"导航"。除此之外，气味也是信鸽寻找归途的方法。

鸽子饲养者要注意哪些

鸽子对周围的刺激反应十分敏感。闪光、怪音、移动的物体、异常颜色等均可引起鸽群骚动和飞扑。因此，在饲养管理中要注意保持鸽群周围环境的安静，尤其是夜间要注意防止鼠、蛇、猫、狗等侵扰，以免引起鸽群混乱，影响鸽群的正常生活。

揭秘自然界的动物王国

为什么说燕子低飞要下雨

当人们看到燕子低飞时,就判断说天要下雨了。你知道这是为什么吗?原因在于快下雨时,天气比较闷热,一些小飞虫翅膀上沾上空气中的小水滴而飞得很低。燕子为了捕食这些小飞虫,所以也降低了飞行的高度。另外,在快要下雨时,空气中的气流动荡不定,燕子受到气流的影响,总是忽上忽下、忽高忽低地飞着。所以,当人们看到燕子低飞时,就知道天要下雨了。

小博士趣闻

飞行速度最快的鸟类

雨燕是飞翔速度最快的鸟类,常在空中捕食昆虫,翼长而腿脚弱小。雨燕分布广泛,常在高纬度地区繁殖,到热带地区越冬。有18属80种,我国4属7种。

为什么燕子的尾巴像剪刀

燕子的尾巴就像是手里的剪刀,这样的形状究竟有什么好处呢?其实,这主要是为了保持平衡,提高燕子飞行时的速度。在飞行的时候,燕子常常会遇到气流的阻力,而燕子流线型的尾巴形状能将燕子的阻力减到最小,使它们飞得更快。另外,燕子的剪刀型尾巴也有利于它更好地哺育后代。据观察统计,一只小燕子每天吃掉几百只虫子,只有飞得更快、更稳,燕子夫妇才能捕捉到更多的食物。因此,在漫长的进化过程中,燕子的尾巴渐渐形成了现在的这种剪刀型,这也有利于它们能又快又准地捉虫。

为什么大家喜欢燕子

小燕子的形象深得人心,你知道为什么燕子这么讨人喜欢吗?原来,燕子不仅可以预报天气,还能在飞行时啄食飞虫。资料显示,一只燕子每天可以吃掉1000多只害虫。如果把一只燕子一年吃掉的虫子排队,长度大约有1000多米。

揭秘自然界的动物王国

为什么称天鹅为"爱的天使"

　　天鹅作为美好纯洁的象征，人们赋予它"爱的天使"的称号。不仅是因为它们具有美丽的外表，更是因为它们坚贞不渝的爱情观。天鹅一生严守"一夫一妻"制，一对天鹅总是在一起生活，一起觅食、休息、嬉戏，即使在遥远的迁徙途中也不会将对方舍弃。在雌天鹅产卵期间，雄天鹅会像警卫一样忠诚地保护伴侣，遇到侵害时英勇搏斗。它们之间若一方死亡，另一方则会不食不眠，孤意殉情。真是令人赞叹。

天鹅都是白色的吗

　　不是。其实，平时人们口中说的白天鹅学名叫做"大天鹅"，大白鹅浑身雪白，声音洪亮。除此之外，还有一种"小天鹅"羽毛偏黄色，而另外一种则是浑身漆黑，只有嘴巴是红色的，称之为"黑天鹅"。

为什么麻雀只会跳着走

你一定好奇为什么栖息于树林、建筑物缝隙中的麻雀,走起路来总是一蹦一跳的?原来,麻雀的两肢由股部、胫部、跗部和趾部等几部分组成,长度很短,整个后肢肌肉都分布在股部和胫部,其他部位则全是肌腱。这些肌腱贯穿至趾端,能控制足趾的弯曲,使麻雀能握紧树枝安稳地生活。但是,麻雀后肢的胫部跗骨和跗部趾骨之间却没有关节臼,因而胫骨和跗骨之间的关节不能弯曲,这就造成了麻雀只能跳着走的状况。

如何辨别麻雀雌雄

幼鸟雌雄极不易辨认,成鸟则可通过肩羽来加以辨别,雄鸟此处为褐红,雌鸟则为橄榄褐色。

揭秘自然界的动物王国

为什么说喜鹊为"田野卫士"

　　民间将喜鹊作为吉祥的象征。乖巧可爱的外形深得人们的喜爱,此外人们还给喜鹊一个"田野卫士"的称号。每天清晨,喜鹊们总是成群结队地到田野寻找食物,然后两个结成一对在田间、草叶上跳跃,捕捉害虫。每年喜鹊都吃掉大量的如蝗虫、蝼蛄、松毛虫和夜蛾这样的害虫,为保卫庄稼立下了汗马功劳,保证了农作物的丰收。所以说,喜鹊是人类的好朋友。

喜鹊真的能报喜吗

　　有一种说法:"喜鹊到,喜来到"。其实,这只是人们对喜鹊的一种赞誉,喜鹊是不会报喜的。不过,喜鹊的叫声对人们的确有帮助,当它们发出婉转动听的叫声时,就预测着天空晴朗,而当它们在树枝上蹦来蹦去,乱吵乱叫,则预示着阴雨天气即将来临。

为什么说海鸥是"天气预报员"

人类除了利用仪器勘测天气情况之外,大自然中也有"天气预报员",那就是海鸥。如果你看到这样的情景:海鸥离开水面高飞,成群结队地从大海深处飞向海边,或者大批的海鸥聚集在沙滩或是岩石缝里,那么,你将收到这样的天气信号——暴风雨即将来临;如果你看到海鸥贴近海平面飞行,那么,你可以放心了——未来的天气是晴好的;如果你看到海鸥沿着海边徘徊,那么,你心中要有数了——天气将逐渐变坏。海鸥的举动可以为人们辨别天气情况提供帮助,真不愧有"天气预报员"的称号。

海鸥靠什么为食

海鸥以海滨昆虫、软体动物、甲壳类以及耕地里的蠕虫和蛴螬为食;也捕食岸边小鱼,拾取岸边及船上丢弃的剩饭残羹。有些大型鸥类掠食其他鸟(包括其同类)的幼雏。

揭秘自然界的动物王国

为什么海鸥会随着海轮飞翔

乘坐过轮船的人都会发现一个有趣的现象，那就是在轮船周围时常伴有海鸥飞行，你知道这是为什么吗？因为轮船在航行的时候，会产生一种强大的上升气流，借助这种气流，即使海鸥不扇动翅膀，也可以不费吹灰之力地向前飞行。另外，轮船在飞行时，船尾荡起的水花可以把海里的鱼打翻上来，如此一来，海鸥就可以轻而易举获取食物。

孩子最感兴趣的十万个为什么

为什么称军舰鸟为"强盗鸟"

你知道军舰鸟还有一个称呼叫做"强盗鸟"吗?这是从何得名的呢?原来,军舰鸟是一种大型的热带海鸟,通常栖息在海边的树林里,主要以鱼类、软体动物为食。它们白天在海面上巡游,寻找机会迅速捕获在海面上跃起的鱼儿。虽然军舰鸟有自己捕食的本领,可是生性好吃懒惰的它们,更多地采用强抢的方式,在空中掠取其他鸟类捕获的鱼类。就是因为这种强盗性的行为,军舰鸟被人们称为"强盗鸟"。

军舰鸟的飞行速度

军舰鸟是世界上飞行最快的鸟之一。它飞行时犹如闪电,捕食时的飞行时速最快可达每小时418千米。它不但能飞达约1200米的高度,而且还能不停地飞往离巢穴1600多千米的地方,最远处可达4000千米左右。军舰鸟在12级的狂风中也会临危不惧,能够安全地在空中飞行、降落。

揭秘自然界的动物王国

为什么火烈鸟的嘴巴是弯的

你是否对火烈鸟弯弯的嘴巴好奇不止？究竟是什么原因使火烈鸟的嘴巴长成了弯的？这和火烈鸟的生活环境和生活习性密切相关。火烈鸟大多生活在咸水湖和沼泽地带，以藻类和悬浮生物为食。由于这些食物分布分散，弯曲的嘴巴更有利于它们将食物从水里集中地挖出来。长时间这样捕食，火烈鸟的嘴巴就形成了这种弯弯的形状。

火烈鸟觅食的方式

火烈鸟在觅食的时候通常头朝下，嘴巴倒转，将水中的小虾、蛤蜊等食物吸入口中，然后再排除掉嘴边多余的水和不能吃的渣滓。

为什么火烈鸟的羽毛是红色的

你一定感到惊讶,为什么火烈鸟原本是白色的羽毛,却总呈现出红色,连腿上也是红颜色呢?其实,这一切都与火烈鸟的饮食习性有关。火烈鸟以河里的虾蟹为食,当虾蟹中的蟹红素被吸收以后,火烈鸟的羽毛就会变成红色了。

火烈鸟的生活习性

火烈鸟喜欢群居。在非洲的小火烈鸟群是当今世界上最大的鸟群。

揭秘自然界的动物王国

鸟类中最大的飞鸟

生活在非洲东南部的柯利鸟，翅长2.56米，体重达18千克左右，是世界上能飞行的鸟中体重最大者。

为什么有的鸟腿上套有一个金属环

你有没有发现，有些鸟的腿上套有一个金属环，这到底是怎么回事呢？原来在一些国家，人们把捕获的鸟腿上、脖子上或是翅膀上，套上一个有字的金属环，也叫环志。在环志上面刻有国名、地名和编号等字样作为标记，然后把这只鸟放走，一段时间以后，等人们在别的地方发现了这只鸟，就可以由此确定这种鸟的分布、飞行路线等。也有专门研究鸟的机构，将人工饲养的鸟戴上环志，放飞到森林中，借此研究鸟的习性和食性。

● 孩子最感兴趣的十万个为什么 ●

鸟类中冲刺速度最快的鸟

鸟类中冲刺速度最快的是游隼,在俯冲抓猎物时能达到每小时180千米。

为什么鸟飞行时把双腿藏在身下

天空中飞行的鸟儿,为什么总是会把双腿藏在身下呢?这是因为如果把腿挂在外面,鸟在飞行时,空气就会对它产生一种向后推的力量,也就是阻力,那么,就会大大降低鸟飞行的速度。所以鸟在飞行时,都会本能地把腿藏在身下。有的鸟它的腿特别长,就向后伸在身体后面,可以达到减少阻力的效果。

揭秘自然界的动物王国

为什么秃鹫的头是秃的

你见过秃鹫吗？你了解秃鹫的头为什么是秃的吗？原来，这与秃鹫的生理特点和生活习性有关。秃鹫的头和颈是秃的，是因为它长期吃动物尸体而形成的。虽然秃鹫属猛禽，但缺乏捕食动物的本领，爪子不够锐利，饥不择食，只好靠吃动物的尸体为生。秃鹫吃肉的时候经常要把脑袋钻到死动物的身体里面，这时如果头上有羽毛的话就很容易弄脏，黏乎乎的不便于清理。日子一久污物便和羽毛一起脱去，经过漫长时间的进化，秃鹫的头和颈部仅留下少许灰白色的短绒羽，也就成了今天的样子。

秃鹫的分布范围

除了南极洲及海岛之外，秃鹫差不多分布在全球各个地方。

● 孩子最感兴趣的十万个为什么 ●

为什么称秃鹫为"清道夫"

秃鹫有一个"清道夫"的称号,你知道这是从何得来的吗?因为秃鹫生性喜欢食腐肉。它们一旦发现动物尸体,就会吞食其内脏和腐肉。秃鹫的消化系统能有效地杀死吃进去的细菌,它们在进食后常吐出一种黏液状物质涂刷双脚,这种物质能够杀死脚爪上的细菌。因此,在某种意义上,秃鹫吃掉动物腐肉也起到了减少动物疾病传播的作用。所以,它有"清道夫"的称号。

秃鹫物种濒临灭绝的原因

因秃鹫身体的各部分能作为医药成分而时常受捕猎。秃鹫除去内脏和羽毛,其肉和骨骼能为医用。

揭秘自然界的动物王国

鸟类中孵化期最长的鸟

信天翁是孵化期最长的鸟类，一般需要75～82天。

小博士趣闻

为什么鸟有"偷"东西的嗜好

我们称偷东西的人为"小偷"，鸟类中有一种偷瘾极大的鸟——大园丁鸟，它生活在澳大利亚北部开阔林地中。雄性大园丁鸟会偷偷攒集数千块白色和灰色鹅卵石，成堆的绿色和紫色玻璃片，以及蜗牛壳、羊椎骨、子弹壳、彩色塑胶条、电线、瓶盖、锡纸、镜子等，总之，一切光鲜闪亮的物件，甚至还有CD光碟，都是它们喜欢攒集的。当然很多时候，这些东西起到讨好异性的作用。它们互相争斗，偷对方的装饰品，还捣毁对手的房屋。行为非常恶劣。

为什么绿尾虹雉被称为"鸟国皇后"

绿尾虹雉被称为"鸟国皇后"。在整个自然界的雉类中,绿尾虹雉是最美丽而珍贵的一种,属于我国一级保护动物。绿尾虹雉是典型的植食性鸟类,主要食用植物的果实、种子等,同时还是一种典型的高山雉类,它们在高海拔的高山草甸和灌丛中靠挖掘植物的根、地下茎、球茎等为食。据分布地山民观察,本物种非常喜欢取食贝母的球茎,因此在当地,绿尾虹雉的土名叫做"贝母鸡"。冬季由于高山积雪过厚,难以找到砂砾,这时绿尾虹雉就吞吃火炭,因此又名"火炭鸡"。又因它的嘴坚硬,而且前端弯曲呈钩状,和老鹰的嘴有几分相似,所以还被称为"鹰鸡"。

绿尾虹雉濒危的原因

栖息地破坏和非法捕猎是对绿尾虹雉最大的威胁。绿尾虹雉适宜的栖息地是高海拔的草甸和灌丛,这些环境生态承载力差,而当地山民的放牧和采药等活动对它们的栖息地造成一定程度的破坏;另外由于本物种体形较大且是当地山民的食物来源之一,因而受到捕猎的威胁。

揭秘自然界的动物王国

为什么称卡西亚为"植物鸟"

在秘鲁这个国家,有一种叫卡西亚的鸟,它外形貌似乌鸦,有趣的是,这种鸟还被称为"植物鸟",你知道这是为什么吗?原来,这种鸟喜欢成群结队地觅食柳树叶子,而且它的吃法很特殊:先把咬断的树枝衔到地上,再用嘴在地上挖个小洞,把树枝插进去,接着再慢慢地吃叶子。插到土里的树枝,经过雨水的浇灌扎下了根,不久就会长成小树。卡西亚这种植树造林的本领,赢得了人们的喜爱和尊重,人们都非常爱护它,所以给它起了一个"植物鸟"的美名。

你还知道哪种鸟会植树吗

还有一种会植树的鸟,叫做樫鸟。它有一套很奇特的贮粮方法。

每年越冬前,这种鸟会携带"粮食"——橡子,寻找两棵树的中间位置,并以其为基点,每向前走40厘米,埋下一堆(二三十颗)橡子,一堆堆地埋藏。有的樫鸟以一根树干为基准,在离树干2.8米处先埋下第一堆橡子,然后再一堆堆地埋藏。这种有规律的贮藏方式,显然是为了便于日后取食。

为什么称它们为"贼鸥"

在南极,有一种海鸥浑身长着褐色洁净的羽毛,黑得发亮的粗嘴喙,一双炯炯有神的圆眼睛,它的名字叫做贼鸥。光听它的名字,就知道这可不是什么善辈,有人把它称为"空中强盗"真是恰如其分。究竟是什么原因让它得到如此不雅的绰号呢?这一切都源于贼鸥好吃懒做、贪得无厌、强取豪夺的毛病。贼鸥从来不自己动手垒窝筑巢,一味地采取掠夺手段,抢占其他鸟的巢窝,驱散其他鸟的家庭,有时,甚至野蛮地从其他鸟、兽的口中抢夺食物。但是它们对食物的要求不高。

贼鸥与企鹅的关系如何

贼鸥是企鹅的大敌。在企鹅的繁殖季节,贼鸥经常趁其不注意袭击企鹅的栖息地,叼食企鹅的蛋和雏企鹅,这样的行径真是令人深恶痛绝。

揭秘自然界的动物王国

为什么鸟类也是温血动物

温血动物是指像人类一样能够调节自身体温的动物，这些动物的活动性并不像冷血动物那样依赖外界温度。而鸟类也属于温血动物的范畴，你知道这是为什么吗？因为鸟类是从哺乳动物进化而来的。它们选择生蛋的传宗接代方式。当把蛋生下来以后，鸟要用自己的体温孵蛋，并且负责给孵出的幼鸟喂食。正因为它们要靠体温来孵化幼雏，所以，鸟儿在漫长的生物进化过程中，必然会维持一定的体温了。此外，维持正常的体温有利于鸟儿飞行，它们就可以从身体各处获得含氧丰富的新鲜血液，从而保证生命活动旺盛，保持飞行灵活机敏。

最小的猛禽

世界上最小的猛禽是婆罗洲隼。它的体长只有15厘米，体重只有35克左右，可是异常凶猛。

小博士趣闻

为什么营冢鸟造冢为家

在澳大利亚有一种特产鸟叫做营冢鸟,它以"营冢"产卵、繁殖后代而盛名鸟族。可是,营冢鸟为什么要造冢为家?这样做有什么益处呢?

下面是几种认可度极高的说法。

第一种说法:土冢会产生地面阻力,不易被人和动物践踏和破坏。

第二种说法:弄土冢作记号,以方便它们以后找到产卵的地方。

第三种说法:土冢是用来保护卵不受侵害的设施。因为土冢不会轻易被水淹没掉,有利于增温孵卵。

世界上营冢鸟的种类及分布

世界上一共有10种营冢鸟,分别分布于澳大利亚、菲律宾、萨摩亚群岛以及其他一些岛屿。

揭秘自然界的动物王国

为什么朱鹮鸟濒临灭绝

朱鹮鸟外表美丽，长喙、凤冠、赤颊，全身羽毛白中夹红，颈部披有羽毛如下垂的长柳叶，体长约80厘米。被列为我国一级保护动物，目前朱鹮鸟已濒临灭绝。这到底是为什么呢？

朱鹮鸟濒临灭绝的主要原因就是，能提供朱鹮鸟栖息的高丛树木越来越少；朱鹮鸟中的幼鸟警惕性低，很容易受到伤害；耕作方式的更替以及农药化肥的大肆使用，减少了朱鹮鸟的主要食物泥鳅、蛙等水生动物的供应；某些地方严重的污染加剧了朱鹮鸟的灭绝速度。

朱鹮的繁殖期在什么时候

每年3～5月是朱鹮的繁殖季节，它们选择高大的栗树、白杨树或松树，在粗大的树枝间，用树枝、草棍搭成一个简陋的巢。朱鹮的巢平平的，中间稍下凹，像一个平盘子。雌鸟一般产2～4枚淡绿色的卵。经30天左右的孵化，小朱鹮破壳而出。60天后，雏鸟的羽翼丰满起来，但还远没发育成熟，它们的羽毛比成熟朱鹮的颜色稍深，呈灰色。直到3年之后，小朱鹮才完全发育成熟，并开始生儿育女。

为什么蜂鸟能在空中悬停

据统计，全世界大约有320种蜂鸟。蜂鸟是最小的一种鸟类。别看蜂鸟的体形娇小，它的空中机动能力却让其他鸟类望尘莫及。

那么它究竟有什么本领呢？

原来，蜂鸟不仅可以向上飞、向下飞、向前飞，甚至还可以侧向飞和向后飞。它可以在一朵花的前面不移动地悬停着，快速地扑打翅膀，它的样子变成了模糊不清的一团。蜂鸟悬停时身体朝向斜上方，翅膀在一个水平面上扑打，这样只会产生升力，而不会使鸟向前运动。

世界上体形最小的鸟

生活在古巴的吸蜜蜂鸟的体长只有5.6厘米，其中喙和尾部约占一半，体重仅2克左右，其大小和蜜蜂差不多，这是世界上体形最小的鸟类，它的卵也是世界上最小的鸟卵，比一个句号大不了多少。它们的飞行本领高超，可以倒退飞行，垂直起落。翅膀振动的频率很快，每秒钟可达50~70次，所以有"彗星"、"花冠"等称呼。

揭秘自然界的动物王国

为什么称缝叶莺为"灵巧的缝纫女"

缝叶莺体形娇弱美丽，浑身布满了橄榄色的羽毛，头部呈棕色。了解缝叶莺的人肯定还知道它的另外一个称谓——"灵巧的缝纫女"。那么这名字又是从何而来的呢？

原来是因为缝叶莺高超的缝叶子本领。在缝叶筑巢时，莺妈妈首先挑选一两片大型的叶片，用自己弯而长的嘴，加上脚的配合把叶子合卷起来，在叶子边缘用嘴钻些小孔，然后将一些植物纤维、蛛丝、野蚕丝穿过去，一针一针地把叶片缝成一个口袋型的窝巢。莺妈妈为了防止缝线脱落，还会在锋线上打个结，如此细腻精巧的做工，真不愧"灵巧的缝纫女"的称号。

缝叶莺的分布

在中国南部、印度和亚洲东南部的热带、亚热带森林的芒果树和番石榴树上，栖息着一种身躯娇小、尾巴很长的缝叶莺，它会利用叶片缝缀成精巧的鸟巢。

57

为什么说黄鹂是益鸟

黄鹂鸟的外形非常漂亮。雄性黄鹂鸟浑身布满金黄色的羽毛，雌性黄鹂鸟的羽毛黄中带绿，在黄鹂鸟的头后、两翅和尾部，还有一些黑纹，模样十分惹人爱，叫声也十分悦耳。

黄鹂鸟还是农业上的益鸟，这样说的根据是什么呢？

原来，黄鹂的主食是那些危害农作物和森林的害虫。尤其是在黄鹂养育雏鸟的时候，每天要捕捉两三百只害虫，而喂一窝雏鸟，大概都要半个多月的时间。如此一来，帮我们人类消灭了三四千只害虫，为我们人类除害可是立了大大的功劳！

小博士趣闻

黄鹂鸟的生活习性

黄鹂鸟大多数为留鸟，少数种类有迁徙行为，迁徙时不集群。栖息于平原至低山的森林地带或村落附近的高大乔木上，树栖性，在枝间穿飞觅食昆虫、浆果等，很少到地面活动。

揭秘自然界的动物王国

为什么鸟巢可以吃

你听说过鸟巢可以吃吗？原来，在南海一带有一种独特的鸟——金丝燕。这种鸟的巢大都建在热带、亚热带海岛的悬崖绝壁上。每年春天，金丝雀都会来这里做窝。金丝燕的口腔里能分泌出一种胶质唾液，吐出后经海风吹干变成一种半透明的略带黄色的物质，金丝燕用这种唾液和着纤细的海藻、身上的羽绒和柔软的植物纤维做成窝。燕窝被采摘以后，通过浸泡、除杂、挑毛、烘干等复杂的工序才被制成成品燕窝，也就是人们食用的"燕窝"。科学验证，燕窝里有丰富的糖类，有助于消化，属于珍贵的滋补和营养品。

小博士趣闻

世界上最复杂的鸟巢

世界上最复杂的鸟巢是非洲织布鸟的巢，它也是最大的公共巢，有300多个巢室。

为什么鸟蛋会呼吸

说起鸟蛋会呼吸,许多人一定会惊叹不已,但这是千真万确的事实。虽然鸟蛋看起来好像密不透气,但如果你把它放在显微镜下观察,就会发现它的壁呈孔状,其中大的孔可以容得下氧和二氧化碳分子进出,小的孔肉眼不能看出。鸟类的胚胎进行呼吸,就是借着蛋壳上微孔的简单扩散作用而完成的。其过程大部分是由微孔的几何结构加以调节,而此结构是随着种类不同而存在差异的。

世界上最大的鸟蛋

鸵鸟蛋是世界上最大的鸟蛋,平均每枚重达1.65千克~1.75千克,长达15厘米,蛋壳厚度有0.25厘米,能支撑住一个重114.3千克的人。

揭秘自然界的动物王国

为什么杜鹃从来不筑巢

因为拥有捕食大量害虫的本领,杜鹃得到了"森林卫士"的美誉,可是,杜鹃有一个恶习很讨厌,你知道是什么吗?

那就是它从来不筑巢。每到繁殖季节,杜鹃就会寻觅画眉、苇莺、红尾伯劳等鸟类的巢穴,然后秘密地将自己的卵产在它们的巢里。狡猾的杜鹃为了不让那些鸟儿发现,还会带走巢里原有的卵。因为杜鹃的卵和那些鸟儿的卵极为相似,所以,当那些鸟儿回巢后,误以为巢里的卵是自己的,就像对待自己的孩子一样用心孵化,并养育小杜鹃,一直到它们长大。生物学家把杜鹃这种习性叫做"巢寄生"。

鸟类中产卵最少的鸟

信天翁每年只产一枚卵，是产卵最少的鸟。

为什么信天翁偏爱狂风

有经验的水手都知道，在海上，哪里出现信天翁，哪里就不会有好天气。这样判断的依据是什么呢？

原来信天翁有着很强的忧患意识，它们喜欢狂风巨浪的天气，不喜欢风平浪静的环境。风力越大，它们飞翔的速度就越快。而一旦风平浪静，它们便会怅然若失，顿感飞行的艰难。有科学家试图将信天翁带回风平浪静、食物充足的海洋馆里饲养，结果生活在优越环境中的信天翁都因为极度的焦虑而死亡。这种拒绝安逸生活的品质的确值得人类去学习。

揭秘自然界的动物王国

为什么绿头鸭在八月不会飞

绿头鸭俗称野鸭。它具有长途迁徙的本领，飞行最高记录能达到时速110千米。可是让人感到奇怪的是，为什么如此擅长飞行的鸟，每到8月底的夏秋季节，就会变得失去飞翔能力呢？原来每年这个时候，绿头鸭都在换羽毛，它们的老羽毛已经脱落，而新羽毛还没有长好，所以此时它们就不具备飞翔的能力。

绿头鸭的栖息环境

绿头鸭通常栖息于淡水湖畔，亦成群活动于江河、湖泊、水库、海湾和沿海滩涂盐场等水域。

为什么说鹈鹕像"轰炸机"

鹈鹕俗称塘鹅，此外它还有一个"轰炸机"的美誉，这又是为什么呢？原来鹈鹕有极好的视力，当鹈鹕在空中飞行时，可以清楚地看见水里的鱼，一旦发现目标鱼群，即刻收起自己宽大的翅膀，从大约15米的高空像一架高速俯冲的轰炸机一样直冲入海水里，等到再浮出海面时便是收获颇丰，简直是"箭无虚射"。真不愧有"轰炸机"的美誉。

鹈鹕的求爱方式

雄鹈鹕向雌鹈鹕求爱时，时而在空中跳着"8"字舞，时而蹲伏在占有的领地上，嘴巴上下相互撞击，发出急促的响声，脑袋以奇特的方式不停地摇晃，希望在众多的"候选人"中得到雌鹈鹕的垂青。

揭秘自然界的动物王国

为什么候鸟迁徙时不会走错路线

候鸟在全世界各处都有分布。这些候鸟会随着气候的改变而迁移生活环境。秋天的时候，它们飞往气候适宜的南方。春天的时候，再一群群地返回北方产卵繁殖后代。

你是否曾担心过这些候鸟会走错路？这个顾虑是不必要的。经过实验观察，不论是做过长途迁徙的老鸟，还是当年新生的幼鸟，在迁徙时都会依循以前走过的路线，不会另辟新径。除了遇上气流的冲击和其他的干扰，它们总是面向目的地做直线飞行的。

可是，候鸟是怎样认识飞行路线的呢？生物学家认为，候鸟会依循以前的路线同遗传的本能有关系。这种本能是候鸟经过几万年的飞行积累下来的，并形成牢固的潜意识，世代相传。

什么因素影响候鸟迁徙

影响鸟类迁徙的因素有很多，其中既有气候、日照时间、温度、食物等外在因素，也有鸟类内在的生理因素。

小博士趣闻

为什么琴鸟被称为"口技专家"

琴鸟外形秀美,主要分布在澳大利亚东南部和塔斯马尼亚岛的热带丛林中。因其羽毛完全撑开时很像古代的竖琴,所以得名"竖琴"。

你知道竖琴还有一个"口技专家"的美称吗?这又是由何而得名的呢?

这缘于琴鸟清脆的叫声,琴鸟单鸟叫声就能模仿20多种,除此之外还可以模仿马鸣声、锯木声甚至军队喇叭声等,它发出的声音婉转动听,所以又被称为"口技专家"。

琴鸟主要吃什么

琴鸟主食昆虫、蜘蛛和蠕虫,有时也食植物种子。

揭秘自然界的动物王国

为什么鹤经常单腿站立

有很多人深感疑惑：为什么鹤经常是单腿站立的？

其实这是鹤的一种休息方式。不过只要你细心观察，会发现它们并不总是一只脚站着，它们会使用左右脚变换站立的，这样可以节省体力。如果是站在冰冷的溪水里，单脚站立还可以减少它们体内热量的消耗。并且站着休息时，鹤可以看得更远，便于及时观察到周围的敌情。

不过，当它们站在水深的地方，或是低头寻找食物时，它们就会双脚站立了。

鹤之最

冠鹤是最古老的鹤类。在鹤类中，白鹤、美洲鹤、丹顶鹤是三个数量最少、濒危的物种，而灰鹤和沙丘鹤是数量最高的鹤类。

为什么被驯化的鸬鹚能捕鱼

你听说过鸟可以用来捕鱼吗?

智慧的中国人最早实现了这个构想。他们把野生鸬鹚加以驯化,用来捕鱼。这种做法在我国南方渔民中常见。他们究竟是怎样驯养鸬鹚的呢?

原来,渔夫捉到鸬鹚以后,一般先要饲养几天把它们驯服。训练的时候,先用长绳束缚它们的脚,绳的另一边缚在河港的岸边。接下来把它们赶到水里捕鱼。大约坚持训练一个月的时间,便可把鸬鹚放在两边的船弦上,在适当的地方把鸬鹚赶下水捉鱼。要把鸬鹚脚上所缚的绳子解掉,但要在它们的头颈上套上一个环子,使鸬鹚只可以吞下小鱼,吞不下较大的鱼。据统计,一只鸬鹚每天能捕到10千克左右的鱼。难怪渔夫们都把鸬鹚当作"渔家宝"。

渔夫们的渔家宝

鸬鹚俗称鱼鹰、水老鸦。羽毛黑色,有绿色光泽,颔下有小喉囊,嘴长,上嘴尖端有钩,善潜水捕食鱼类。

揭秘自然界的动物王国

鸳鸯真的会白头偕老吗

民间有一种说法，叫做只羡鸳鸯不羡仙。人们都希望能够像鸳鸯一样相亲相爱，一世不分离，拥有永恒的爱情。可是，鸳鸯真的会白头偕老吗？

实际上，这只不过是人们对美好感情的一种寄托而已。

据科学家观察发现，鸳鸯在生活中并不总是成双成对地出现，它们的配偶也并非终生不变。鸳鸯群体是典型的"一夫多妻"制家庭，雌鸳鸯的数目远远多于雄鸳鸯。也只有在配偶期间，雌雄鸳鸯才有吸人眼球的亲密举动。在雌鸳鸯繁殖后期的产卵孵化过程中，雄鸳鸯并不表现出关心。而孵出小鸳鸯后，抚育幼雏的任务也完全托付给雌鸳鸯。它们之间早已形同陌路，更别提一起白头偕老了。

鸳鸯的繁殖期

鸳鸯的繁殖期在4～9月，雌雄配对后迁至营巢区。巢置于树洞中，用干草和绒羽铺垫。每窝产卵7～12枚，淡绿黄色。

69

为什么鱼会有腥味

为什么鱼身上都有很大的腥味?你一定很好奇吧。

原来这奥秘在于鱼体的"腥腺"。在鱼体两侧各存在一条白色的腺体,这就是腥脉,它能不断地分泌出一种含有三甲胺物质的黏液,这种三甲胺对鱼有着十分重要的意义。有了它,鱼的表面不仅变得光滑,鱼游动的速度也大大提高了,除此之外,这种黏液还有凝结水中的浮尘及脏物,清洁水质的作用。但是,这种三甲胺带有腥味,在常温状态下很容易挥发出来,散布到空气中。于是,我们闻到的鱼就会带有腥味。

最大的鸟类化石

最大的鸟类化石是隆鸟的化石,估计它的身高达5米左右,原来生活在马达加斯加岛上,在公元7世纪时绝灭。

揭秘自然界的动物王国

为什么鱼会睁着眼睛睡觉

不同于人类闭眼睡觉的习性,鱼总是睁眼睡觉。如果你曾经留意过,就会发现它们在睡觉的时候,睁大眼睛纹丝不动,只是有节奏地扇动腮和鳍。可是,鱼为什么要睁着眼睛睡觉呢?

原来绝大多数鱼类没有眼睑,所以合不上眼睛,而有的鱼种虽然有眼睑,但是眼睑是透明的,而且不会活动,结果就出现了鱼睁着眼睛睡觉的假象。

世界上最大的鱼

世界上最大的鱼是鲸鲨。在鱼类家族中,最大的鲸鲨体长达21米,重25吨。

小博士趣闻

为什么深海里的鱼会发光

游览过深海的人一定不会忘记：在海底时常闪耀着金灿灿的光芒，这是怎么回事呢？

原来那些光亮是由深海里的鱼发出来的。在一些能发光的鱼体内长着发光器。大部分鱼的发光器长在鱼体的两侧，隐埋在皮肤里。还有的发光器长在鱼的头部或其他地方。其中，有些鱼的发光器比较稳定，发出的光可以亮很长时间；有些鱼的发光器发光的时间很短；有的发光器会像天上的星星一闪一闪的，时而明了，时而黯淡，美丽极了，由于鱼具备这种发光的本领，使鱼在黑暗的地方能够看清周围的东西，方便捕食和躲避敌人的侵害。发光器也能起到照明作用，即使在黑暗的地方，也能自由地游玩。

世界上最小的鱼

世界上最小的鱼是吕宋鰕虎鱼。它发育成熟后才仅有1厘米长。主要产于菲律宾，由于产量大，在当地仍作为重要食品。

揭秘自然界的动物王国

为什么鱼会长鳞片

你仔细观察过鱼吗？除了鱼头和鱼鳍部分，鱼的全身布满了鳞片，一片挨着一片。这些鳞片就好像穿在鱼身上的一层盔甲，有了这层"盔甲"，水中的小虫子和微生物就不容易侵蚀鱼的身体了。鱼才会保持健康，不受传染。此外，光滑、闪闪发光的鳞片可以使鱼在水中游动的时候，减少身体与水的摩擦，使它游得更快。并且鱼鳞还有保护鱼体形的作用，一旦失去鱼鳞，海水与身体内的水分就会跑出来，水会不断摄入鱼的体内，鱼就会面临死亡。正如我们平时所见，刮掉鱼鳞后，鱼就会死掉。

世界上最毒的鱼

世界上最毒的鱼是河豚。据科学家测定，河豚的毒性比氰化钾还要强1000倍。它的肉鲜美，但应慎食或不食。

为什么鱼要大量产卵

鱼为什么要大量产卵呢？是因为单个鱼卵成活以至到成年的机会很小。大部分鱼要产下几万枚卵，但产卵结束后，便对其无力统筹了，甚至许多卵在孵化以前就会被吃掉。而像海马、刺鱼这类能够给予后代某种方式照顾的鱼，产卵的数目会减少一些。

世界上最凶的鱼

世界上最凶的鱼是噬人鲨。它宽大的嘴里长有数排三角形的利齿，且行动敏捷，不但常袭击大型鲸类和海豹，还会攻击航行中的渔船及捕鱼人，故称它为"噬人鲨"。

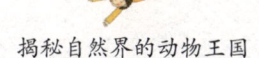

为什么鱼儿离不开水

人离不开水,鱼儿更离不开水,这是为什么呢?

因为生活在水里的鱼,是靠鳃来呼吸的。鱼靠鳃腔里的四片鳃把水中的氧气吸进去,再通过鳃盖的一张一合把体内的二氧化碳排到水中。一旦鱼离开了水,没有水流到鳃腔,鱼鳃很快就会发干,鳃片便会彼此黏在一起,在这种情况下,鱼无法再用鳃呼吸。不能呼吸了,鱼就会憋死。

世界上最懒的鱼

世界上最懒的鱼是䲟鱼。它总是吸附在其他鱼类的身上,从不自行其力去游动。分布于热带和温带水域,我国沿海均产。

为什么鱼不怕冷水

冬天天气变凉了,很多小朋友都加了外衣,可是在水里的鱼却不怕冷,这是为什么呢?

原来,鱼属于变温动物。与人体不同,它的体温是随着周围环境的变化而变化的。冬天天气寒冷,河水温度低,鱼的体温也会随之变低;夏天天气炎热,河水温度高,鱼的体温也随之变高。冬天鱼在冰冷的水里生活,由于体温变低,所以感觉不出冷来。虽然它具有变化体温的功能,但鱼毕竟是低级动物,当周围环境温度低于零度时,鱼就会变成一块冰,失去生存能力。

世界上最耐寒的鱼

世界上最耐寒的鱼是北极黑鱼。它能在零下10℃的水域里自由自在地生活。

揭秘自然界的动物王国

为什么鱼要有鱼鳔

鱼鳔又称鱼泡,在硬骨鱼类中,大多数都有鱼鳔,鱼鳔的体积约占鱼身体的5%左右。而鱼鳔最突出的作用,就是通过呼气和吸气来调节鱼体的重量,进而保持鱼体内外的水压平衡,以调控鱼体沉浮。这样,在鱼游动的时候,只需要很小的力量,就能轻松维持不沉不浮的稳定状态。海水的压力随着海水的深度而增加,压力增大对于想到海底一游的鱼儿来说是个障碍。所以当鱼想下降到深水层时,会从鱼鳔中排出一部分气体,使鱼体比重增加,海底深游就轻松多了。相反,如果要上升到较高的水层时,需要填充一部分气体,使鱼鳔膨胀起来。这样,当周围水体的密度大于鱼体的密度,鱼就会浮上水面。

世界上寿命最长的鱼

世界上寿命最长的鱼是鳇鱼。科学家认为,鳇鱼性成熟迟,约需17~20年。它能活50岁。

为什么鱼会跳出水面

人们用"鲤鱼跳龙门"来预兆喜庆的事物。其实,跃龙门并不是鲤鱼的专利,很多鱼都喜欢高高跃起,这究竟是什么原因呢?

经科学研究发现有以下几点:

第一,是为了躲避敌人的追杀。为了自保,鱼会突然跃出水面,从而迷惑敌人,让它们不知道自己的去向。然后重新回到水中,伺机改变逃游线路,避免被捕食者抓住。

第二,是为了觅食。鱼以最快的速度钻出水面,捕捉昆虫、小型鸟类或哺乳动物,然后大吃一顿。最典型的就是纳鱼和大白鲨了。

第三,是为了吸引异性。很多鱼跳出水面主要是为了吸引异性的注意,或向喜欢的对象求婚。在鱼类的生活环境中,雄性表现得比较活跃,经常跳出水面又钻入水中,引起水面一阵波澜,它们这样做正是为了吸引雌性鱼的注意。

世界上游速最快的鱼

世界上游行速度最快的鱼是旗鱼。它的游泳速度每秒可达33米以上,时速可达120千米,比世界冠军跑得还快。

揭秘自然界的动物王国

为什么有的鱼非常容易被钓到

有的鱼非常容易被钓到,比如生活在日本北海道以南一直到九州的虾虎鱼。就算你没有学过任何钓鱼的本领,或是从来也没有钓过鱼,也有很大机会钓到这种鱼。这是为什么呢?

原来每年春秋两季虾虎鱼都要产卵,为了在产卵的时候有个强健的身体,产下好质量的卵,虾虎鱼要在产卵前吃很多的食物。由于它们都抢着找食吃,所以,当你投其所好,在鱼钩上放上虾虎鱼最喜欢吃的沙蚕时,虾虎鱼就会上钩夺食,你就能轻易地钓上虾虎鱼。

世界上产卵最多的鱼

世界上产卵最多的鱼是翻车鱼。据科学家测定表明,它产卵最多可达3亿粒,居鱼类之冠。

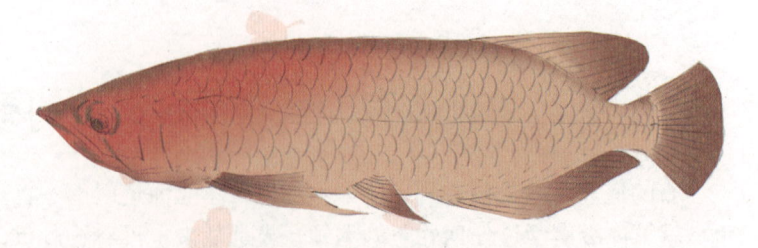

为什么鱼的身上有侧线

鱼的身体两侧中间各有一条线,这条线就是鱼的侧线。侧线系统是鱼的神经系统,有的鱼不仅有一对侧线,甚至达到三对侧线、五对侧线。那么,这些侧线的作用是什么呢?

原来,侧线是鱼的感觉器官,借助它鱼才能正常生活。鱼靠眼睛和耳朵来寻觅食物,逃避水中的对手和礁石。即使在黑暗的地方,当眼睛看不见时,鱼依然能够靠侧线来感知水速的变换,察觉水中的情况,而及时捕捉到小鱼、小虾以及躲避侵害与暗礁。因此,当鱼不能依靠眼睛、耳朵判断情况时,鱼也能靠侧线在水中自由游动。但是,一旦鱼的侧线被切断,鱼就失去了捕食的能力。可见,鱼身上的侧线是非常重要的。

世界上孵化最奇特的鱼

世界上孵化最奇特的鱼是天竺鲷。它是把鱼卵衔含在嘴里慢慢孵化成幼鱼的。

揭秘自然界的动物王国

世界上生活水域最深的鱼

世界上生活水域最深的鱼是狮子鱼。据有关资料记载,有人曾在7579米的深海中捕到过它。

为什么鱼死后总是会肚皮朝天

为什么鱼死后是肚皮朝天呢?

原来,鱼身体的比重是由体内鱼鳔包含气体的多寡来决定的,从而能在水中自由沉浮。在鱼鳔内气体膨胀的情况下,鱼身体的比重变轻,鱼可以上浮。反之,在鱼从浅水游向深水的情况下,由于水压的增加,鱼身体的比重也随着增加,只有在释放出鳔内的一部分气体的情况下,鱼才可以沉下去。在鱼临近死亡的时候,一般都会尽全力呼吸,从而使得腹部的鳔内充满气体,这时,背部的密度明显大于其腹部的密度,至此,也就出现了鱼死后肚皮朝天的现象。

为什么有的鱼会有长长的"胡子"

如果你细心观察，就会发现有些鱼是长"胡子"的。鱼的胡子学名叫"口须"，目前已发现的鱼的口须，从一对至五对不等，对称地生于口边。口须有长有短，有口须的鱼多数是淡水鱼。那么，这些鱼为什么要长口须呢？

这是因为，口须作为鱼类的触觉器官，具有非常重要的作用。对于鱼类而言，单依靠眼睛来感知周围环境、捕捉食物或是观察敌情是不够的。而鱼的"胡子"这时就像是一台灵敏的探测仪，帮助它们将接触到的信息快速地传递到脑部，这样，鱼才会对外界的刺激及时做出反应。

世界上雌雄相差最大的鱼

世界上雌雄相差最大的鱼是角鮟鱇。它生活于深海中，雌鱼比雄鱼大几十倍，雄鱼只有生殖器官发达，其他器官退化，靠寄生在雌鱼身上生活。

揭秘自然界的动物王国

为什么海水里打捞上的鱼不是咸的

很多小朋友一定产生过这样的疑惑：为什么海水的滋味又苦又咸，但是生活在海洋里的鱼却不是咸的，这是什么原因呢？

经科学家研究发现，在深海硬骨鱼的鳃内，生长着一种泌盐细胞，它的功能就像过滤器一样，海水经它过滤之后就变成了淡水，从而使深海硬骨鱼的体内始终保持着低盐分。而另外一些深海软骨鱼虽然没有泌盐细胞，但在它们的血液中却含有高浓度的尿素，这可以使肾脏加速将海水中的盐分排出体外。因此，深海软骨鱼的肉也不是咸的。

为什么没有机会买到活的海水鱼

海水鱼不同于淡水鱼，海水鱼长期生活在海水里，海水含有大量的盐分，水的压力大，海水鱼已经习惯这样的环境，而当它们一旦被捕出水时，由于外界压力的突然降低而爆裂死去，因此菜市场上买不到活的海鱼。

小鱼可以吃大鱼吗

民间有一种说法："大鱼吃小鱼，小鱼吃虾米。"可是你相信，小鱼可以吃大鱼吗？

小鱼可以吃大鱼，这是真实存在的。有些小鱼甚至能吃掉比自己大几倍甚至几十倍的大鱼。像海洋中的七鳃鳗，它就有着吃大鱼的本领。它能够吸附在大鱼的身体上，将大鱼的皮肤撕咬破裂，然后吸吮大鱼的血。这时，它的嘴里还会分泌出一种特殊物质，可以防止血液凝固。导致大鱼因失血过多而死亡。

世界上放电最强烈的鱼

世界上放电最强烈的鱼是电鳗。它一次放电的电压可以超过600伏。

揭秘自然界的动物王国

为什么黄花鱼的鱼头里有"小石头"

吃过黄花鱼的人，一定会发现在黄花鱼的鱼头里藏有"小石头"，这种小石头叫做'耳石'。各种鱼的耳石大小、形状都不同，黄花鱼的耳石又大又白，所以容易找到。那么，这种"小石头"究竟有什么用处呢？

原来，那些"小石头"能够帮助鱼儿在游泳时保持身体平衡。另外，生物学家还可以根据耳石的样子，判断鱼的种类；把鱼的耳石磨成薄片，从上面的一圈圈纹路能推算出鱼的岁数。

黄花鱼的外形特征

黄花鱼体侧扁延长，呈金黄色。大黄鱼尾柄细长，鳞片较小，体长40厘米～50厘米，椎骨25～27枚；小黄鱼尾柄较短，鳞片较大，体长20厘米左右，椎骨28～30枚。

●孩子最感兴趣的十万个为什么●

世界上游距最远的鱼

世界上游距最远的鱼是欧洲鳗鲡。据科学家考察表明，鳗鲡从其产卵地美洲百慕大群岛东南的马尾藻海至其生活地欧洲大陆淡水水域有5000多千米，整个洄游过程历时两年。

小博士趣闻

为什么天黑捕鱼时用灯能引诱鱼群

有经验的渔民在天黑捕鱼时总会用灯引诱鱼群，这是怎么回事呢？因为，多数鱼都喜欢像灯光、月光这样不刺眼睛的亮光，而不喜欢太强的光线。渔民在捕鱼的时候，为了捕到更多的鱼，必须先把鱼集中在一个地方。夜间月光暗淡的条件下，渔民点亮柔和的灯光，这样，喜欢光的鱼便自觉地游到了灯光的附近。利用这样的方法捕鱼，既省时间，收获又大。

揭秘自然界的动物王国

为什么说珊瑚不是植物

在热带海洋中生长着许多美丽的珊瑚，它们的颜色鲜艳夺目，样子有如灌木丛一般，所以很多人误认为珊瑚是植物。其实珊瑚属于动物类。它是一种身体柔软的叫做珊瑚虫的小动物大量群居而形成的，珊瑚虫是一种低等动物，从牙体中生长，主食为漂浮在水中的其他动物的幼虫或小动物。在珊瑚虫生长死亡的过程中，珊瑚虫的硬壳不断积累，最后就形成珊瑚礁。

怎样区分活珊瑚和死珊瑚

浮在海上的珊瑚为死珊瑚，在海下的珊瑚为活珊瑚。

为什么水母没有牙齿却会咬人

很多人都好奇，没有牙齿的水母怎么会咬人呢？原来，在水母的触手上或伞盖边缘处，藏匿着许多刺细胞。在这些刺细胞里，有毒液和一根盘卷的刺丝。在水母遇到猎物或敌害的时候，刺丝会马上弹射到对方体内，同时释放出毒液，此时，受害者就会感到像是被狠狠地咬了一下。

水母的寿命

水母的寿命大多只有几个星期或数月，也有活到一年左右的，有些深海的水母可活得更长些。

揭秘自然界的动物王国

为什么海星没有脚却能走路

　　海星没有脚，那么它是靠什么走路的呢？原来，海星有几条有力的"手臂"，它们可以帮助海星快速地在海底游动。在海星的体外有几条如手臂一样伸张的管子，它们被称为"管足"。管足是海星的运动和感觉器官，在每条管足的末端都有一个吸盘，海星就是依靠管足的移动和吸盘上的吸力在海底游行的。这些"手臂"的作用很大，它们不仅是海星运动的工具，而且折断后还会新生，而断裂的部分则可以长成一只新的海星。

海星每分钟能走多远

　　据生物学家观测发现，海星在海底的移动距离每分钟只能达到5～8厘米。

为什么贝壳里会生出珍珠

珍珠深得现代人的喜爱,产在贝类等软体动物的体内,可是,你了解贝壳内为什么会产珍珠吗?

这是因为在贝类动物进食的时候,它们会张开贝壳。当有沙粒或是寄生虫等异物凑巧落进去,贝类动物就会因受到刺激而关闭贝壳。而针对异物引起的不适应,贝类动物的外套膜会本能地分泌出一种叫做"珍珠质"的液体,将入侵的异物包裹起来,并渐渐形成一种固体的"珍珠囊"。时间一长,珍珠囊不断增大,最后就会凝结成颗粒状晶莹的珍珠。

贝壳有哪些商业用途

贝壳可以作为服装饰品、家居饰品和艺术收藏品。

揭秘自然界的动物王国

用乌贼喷出来的墨汁能写字吗

不能。乌贼喷出来的虽然名为"墨汁",但是不同于我们写字用的墨汁。乌贼墨汁中的黑色素是一种蛋白质,日子一长就会被分解。所以,如果有人用乌贼体内的墨汁来写字,那么,写出的字迹很快就会消失不见的。

为什么乌贼要喷墨汁

乌贼又被称作墨鱼,是海洋中生存的一种软体动物。乌贼的避敌方式可是非常有趣,其中最高超的一种方法就属释放墨汁了。在乌贼的体内有一个墨囊,墨囊里面储存着大量浓黑的墨汁,每当乌贼遇到劲敌没有时间逃跑时,就会喷出"墨汁弹"。可不要小看这些墨汁。它们当中含有毒素,功效足以麻醉敌人,这样乌贼便可逃之夭夭了。只是储满一囊墨汁要花费很长的时间,所以不到迫不得已的时候,乌贼是不会轻易释放"墨汁弹"的。

为什么螃蟹要"横行"

螃蟹横行的习惯，我们都非常清楚。但是你了解其中的缘由吗？

这是由于螃蟹用来走路的4对脚长得非常奇特。每只脚由7个小节构成，每两节之间由薄薄的膜连在一起，每个关节都不会转动。走路时，只能靠两节之间的薄膜来拉动一条条肌肉和骨骼，做上下的动作，只能向下弯曲，向左右移动，所以螃蟹不能向前走，只能横向爬行。它爬行时，先用一边的脚抓地，再用另一边的脚伸直往一侧推。而且，螃蟹的动作幅度不大，爬行的时候十分费劲。

螃蟹的生活环境

绝大多数种类的螃蟹生活在海里或靠近海洋，也有一些螃蟹栖于淡水或住在陆地。

揭秘自然界的动物王国

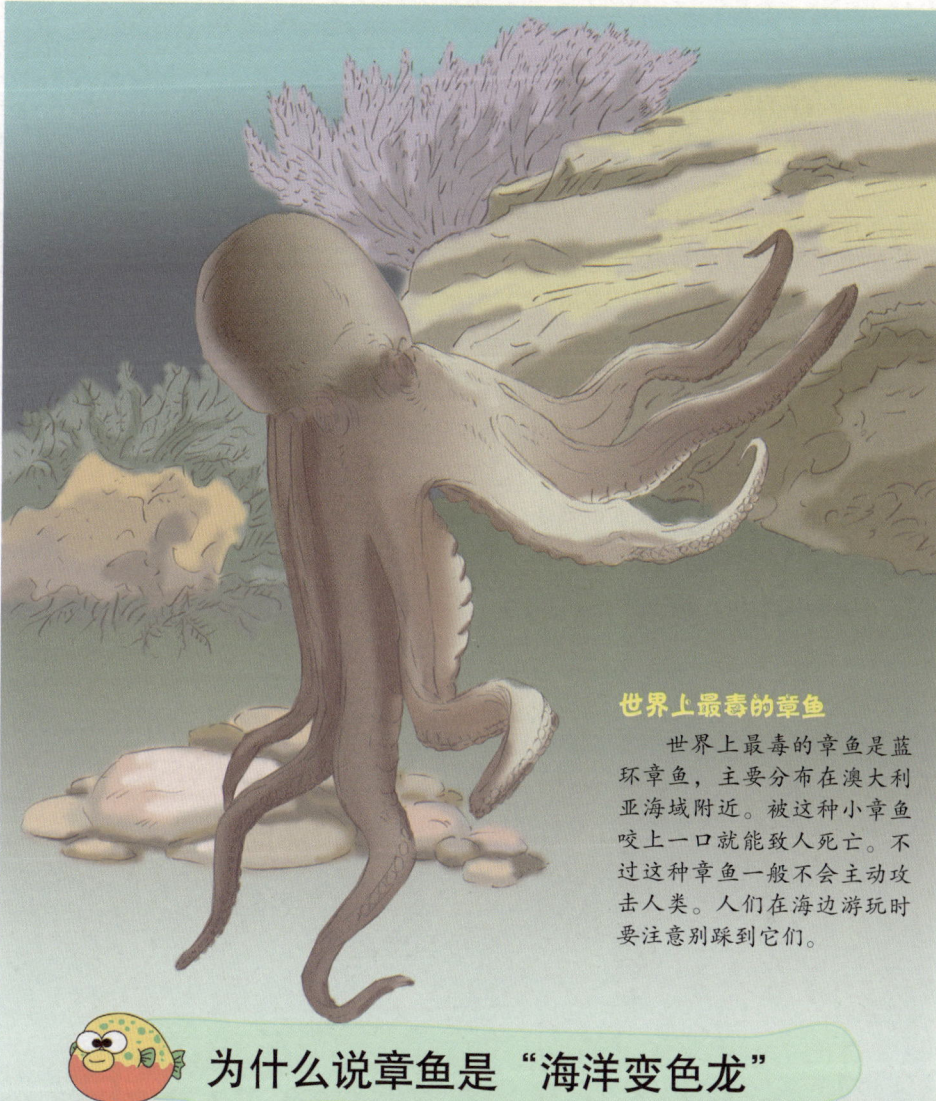

世界上最毒的章鱼

世界上最毒的章鱼是蓝环章鱼，主要分布在澳大利亚海域附近。被这种小章鱼咬上一口就能致人死亡。不过这种章鱼一般不会主动攻击人类。人们在海边游玩时要注意别踩到它们。

为什么说章鱼是"海洋变色龙"

有"海洋变色龙"之称的章鱼，有着魔术师一般神奇的变色能力。它可以随时变换自己皮肤的颜色，保持与周围的环境一致，使自己处在一个安全隐蔽的环境。曾经有人看到即使把章鱼打伤了，它仍然具备变色能力。那么，章鱼怎么会有这种变色本领呢？

原来，在章鱼的皮肤下面隐藏着许多色素细胞，里面装有颜色各异的液体，在每个色素细胞里还有几个扩张器，可以伸缩色素细胞。章鱼处于兴奋、恐惧、焦急等状态下，皮肤都会变换颜色。而控制体色改变的指挥系统是章鱼的眼睛和脑髓，如果不小心，某一侧眼睛和脑髓出了问题，这一侧就失去了改变颜色的功能，而另一侧仍可以变色。

为什么寄居蟹要背螺壳

寄居蟹的形状既像蟹，又像虾，如果你注意过它，就会发现寄居蟹的身上总是背着一个大螺壳。这个螺壳是天生就有的吗？

其实不是的，这个螺壳是后来捡来的，或者把螺壳主人弄死后剥夺来的。我们可不能小瞧了螺壳对寄居蟹的作用，在寄居蟹遇到强过自己的敌人时，就狡猾地把身体缩进结实的螺壳中，使敌人无计可施。不过，随着身体不断变大，每隔一段时间，寄居蟹都要更换更大的螺壳。如果不巧它们喜欢的螺壳已经另有所属，那么它们也不会放弃，双方就要进行一场殊死搏斗，赢家拥有螺壳。

寄居蟹的居住环境

寄居蟹多产于黄海及南方海域的海岸边，通常能在沙滩和海边的岩石缝里找到它们，有时还在竹子节、碎椰子壳、珊瑚、海绵等其他地方看到它们。

揭秘自然界的动物王国

螃蟹喜欢吃哪些食物

螃蟹花费大部分时间在寻找食物，它们并不挑食，只要是能够弄到的食物都可以吃。小鱼虾是它们的最爱，有些螃蟹也吃海藻，甚至连动物尸体或植物都能吃。

为什么螃蟹爱吐泡泡

有很多人至今不明白螃蟹为什么爱吐泡泡。有的人以为螃蟹吐泡泡是生病了。其实不是，这种情况是由螃蟹独特的呼吸方式引起的。螃蟹使用鳃呼吸，它的鳃在硬壳下面隐藏着，具备海绵一样的功能，能吸进很多水。每到螃蟹上岸觅食的时候，就靠保存在鳃里的水分来呼吸，吸取其中的氧气，接着把其中的水和其他物质吐出。可是，如果在陆地上待的时间太长，螃蟹鳃里的水分就会不断减少，而它们仍然会像在水中呼吸一样，竭力抽动鳃和嘴，不间断地吸收外界的空气，并将鳃里的一些水连同空气一起吐出，这样，就形成了很多的气泡。

为什么鲨鱼的牙齿掉不完

每次鲨鱼吃东西时都会有牙齿掉下来，但也不用担心它们的牙齿有一天会掉光，这是为什么呢？

因为，每条鲨鱼都有很多层牙，从里到外依次排列开来。只有最外层的一排牙齿是立着的，里面的几排则像瓦片相互覆盖着。当外层的牙齿磨损或脱落之后，里面的牙齿就会向前移动，并且竖立起来。在鲨鱼的一生中，它的牙齿总是在不断地更替着。

小博士趣闻

一条鲨鱼要换掉多少颗牙齿

据统计，一条鲨鱼在成长过程中大约要换掉2万颗牙齿。

揭秘自然界的动物王国

电鳐的电量有多大

电鳐的发电能力因其种类不同而不同。其中，非洲电鳐一次发电的电压达到200伏左右，中等大小的电鳐一次发电的电压在70～80伏，而像较小的南美电鳐一次只能发出37伏电压。

为什么电鳐能放电

你观察过电鳐吗？它身体扁平，头部和胸部相连接，尾部呈粗棒状，像团扇。你知道电鳐是靠什么发电吗？原来，在电鳐的腹部两侧，各有一个肾脏性、蜂窝状的发电器官。由它发出的电流可以击毙水中的小鱼、虾及其他小动物，这是一种捕食和反击侵害的有效手段。

世界上鲨鱼的种类

世界上约有380种鲨鱼。有30种会主动攻击人，有7种可能会致人受伤，还有27种因为体形和习性的关系，具有危险性。

为什么鲨鱼允许小鱼游进它的嘴里

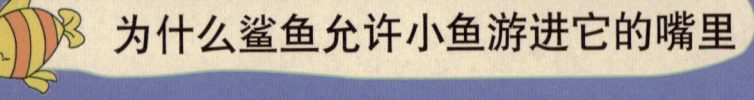

小朋友们一定都很好奇，凶狠的大鲨鱼怎么会允许小鱼游进它们的嘴巴？其实，小鱼是承担"清洁工"的责任进入大鲨鱼的嘴巴的，小鱼这样做是为了帮助鲨鱼摆脱寄居动物的烦恼。所以，当小鱼们完成清洁工作之后，鲨鱼才会允许它们悠然离去。

揭秘自然界的动物王国

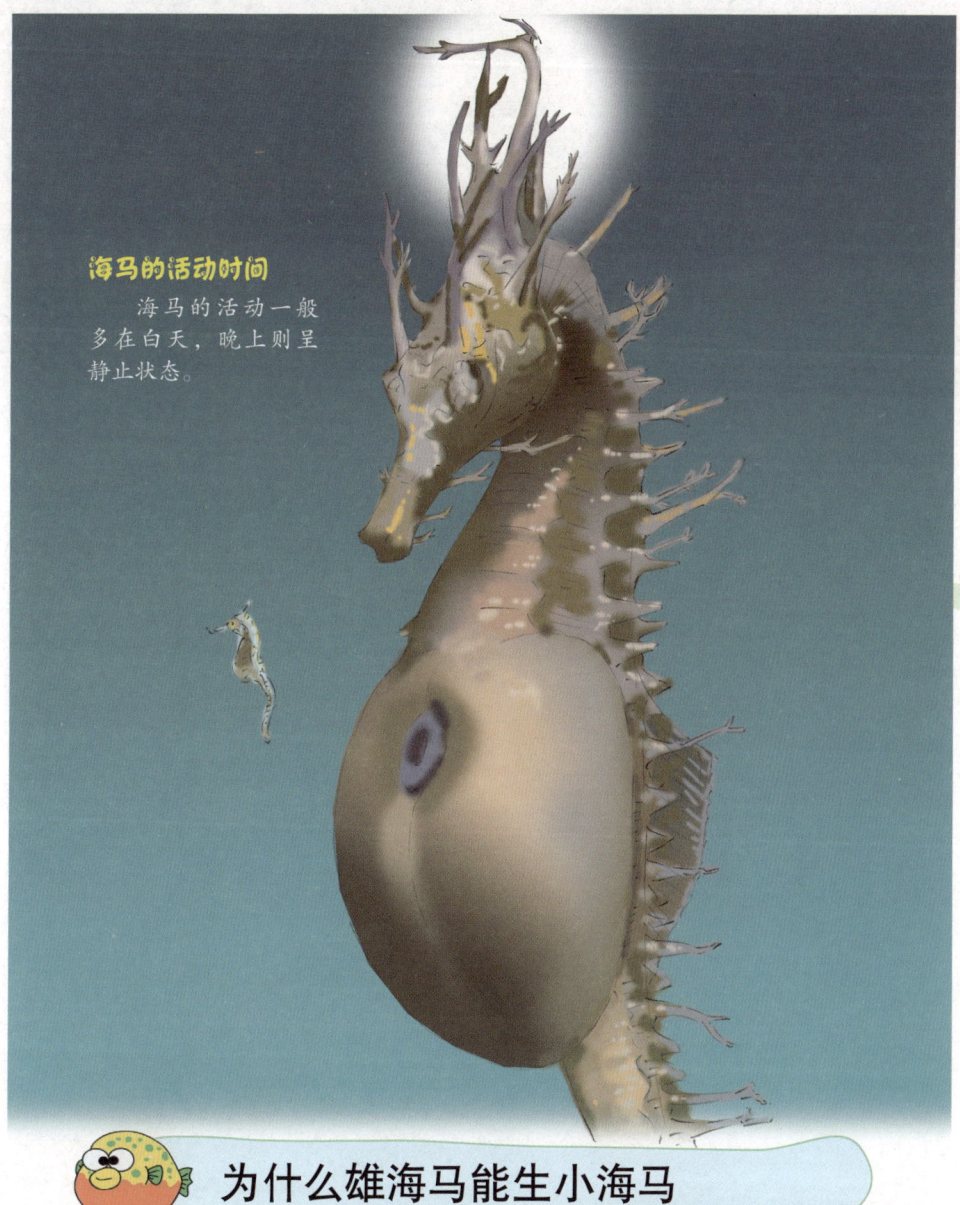

海马的活动时间

海马的活动一般多在白天，晚上则呈静止状态。

为什么雄海马能生小海马

你了解小海马的出生过程吗？原来，小海马是由海马爸爸生出来的。在海马爸爸的腹部有一个育儿袋，等到了生产的季节，海马妈妈便会将成熟的卵产在海马爸爸的育儿袋里。此时，海马爸爸就会排出精子，使卵在育儿袋里受精。海马爸爸的育儿袋里有丰富的血管，能够为小海马提供充足的养分。等到了分娩的时候，海马爸爸就将自己长长的尾巴卷在海藻上，靠腹部肌肉的收缩将小海马从育儿袋中生出来。至此，海马爸爸孕育小海马的任务就算完成了。

为什么飞鱼会飞

飞鱼的外形貌似胡萝卜，两头小，细长呈圆筒状，体长在20厘米~30厘米。飞鱼的胸鳍非常发达，长度约是它身体的一半，形似鸟的翅膀；飞鱼的腹鳍功能也很发达，当飞鱼靠近水面的时候，它的尾鳍便使劲地左右方向来回摆动，使身体快速前进，产生强大的冲力，身体随着跃出水面，同时，用伸张的大大的胸鳍在空中做滑翔飞行。

飞鱼能飞多高

在受到惊吓或被其他肉食性鱼追赶的情况下，飞鱼便会竭尽全力使用发达的尾鳍加速，舒展胸鳍飞跃空中。据观测，飞鱼能够飞5米~6米高，一口气可飞行100米左右。飞鱼称得上是飞行本领最高强、飞行距离最远的鱼类了。

揭秘自然界的动物王国

射水鱼喜欢吃哪些食物

射水鱼爱吃动物性饵料，尤其爱吃生活在水外的、活的小昆虫。在自然环境中，水面附近的树枝、草叶上的苍蝇、蚊虫、蜘蛛、蛾子等小昆虫，都是射水鱼的捕捉对象。

为什么射水鱼能喷水打中昆虫

在东南亚有一种常见的鱼种叫做"射水鱼"。顾名思义，它得名的缘由便是它的嘴里能喷水。毋庸置疑，射水鱼喷水的本领的确很高，射水高度可达到3米多，距离30厘米内的昆虫都难逃活命，有时，甚至好几米远的昆虫都能被其击落。那么，究竟是什么原因，射水鱼才具备了这项本领？

原来这一切都和射水鱼的嘴巴有关系。射水鱼一旦发现捕食对象，便潜行游近，先行瞄准目标。而在射水鱼的嘴里有一条小槽，每次要喷水的时候，射水鱼就会把吸取的水用舌头抵在小槽里，这样，压力极大的水在喷发时就会变得有爆发力，犹如出膛的子弹一样，准确无误地将昆虫击落。而且射水鱼有一双特殊的眼睛，能够自动瞄准，所以，昆虫就会在瞬间成功地被击落下来。

为什么弹涂鱼可以爬树

听说过猴子和猫会爬树,可你一定没听说过鱼会爬树。是的,世界上真的存在会爬树的鱼,它被称作"弹涂鱼"。

弹涂鱼生存在我国沿海一带以及太平洋热带海岸。它的身长只有十几厘米。可是,它的胸鳍非常发达,里面长满肌肉,宛如两条强壮的手臂。也正是由于这种粗壮的胸鳍,加上弹涂鱼身体的弹跳力和尾鳍的推动力,才使它可以自如地在水中跳跃,在沙滩爬行。当岸边有树木时,弹涂鱼就爬上树干,捕捉昆虫或小动物。

弹涂鱼的居住环境

弹涂鱼在自然环境下多栖息于沿海的泥滩或咸淡水处,能在泥、沙滩或退潮时有水溜的浅滩或岩石上爬行,善于跳跃。平时匍匐于泥滩、沙滩上,受惊时借尾柄弹力迅速跳入水中或钻进洞穴,以逃避敌害。

揭秘自然界的动物王国

为什么会有各种模样的金鱼

金鱼也称为"金鲫鱼",是由鲫鱼演化而成的观赏鱼类。因其头上两只圆圆的眼睛,短肥的身体而深受人们喜爱。到现在为止,我国的金鱼种数就已经达到了300多种。那么,怎么会有这么多种类的金鱼呢?人们经过细心的挑选,把有特点的金鱼挑选出来,再经过多年的精心培养、选育和不断改良品种,才有了如今各种模样的金鱼。

蝴蝶鱼是单独还是成双成对地出现

蝴蝶鱼对"爱情"忠贞不贰，大部分都成双成对，好似陆生鸳鸯，它们成双成对地在珊瑚礁中游弋、戏耍，总是形影不离。当一尾进行摄食时，另一尾就在其周围警戒。

为什么蝴蝶鱼会变色

大千世界无奇不有，你是否见过会变颜色的鱼？这种鱼生活在色彩斑斓的珊瑚礁礁盘中，它的名字叫做"蝴蝶鱼"。蝴蝶鱼就像是一个神奇的色彩魔术师，美艳体表的颜色可随周围环境的变化而变化。蝴蝶鱼为什么可以变色呢？

这奥秘就在于它体表存在的大量色素细胞，这些细胞在神经系统的调控下，可以自由伸舒，从而使体表出现不同的色彩。一般来讲，蝴蝶鱼每变换一次体色要花费几分钟的时间，有的只需要几秒钟而已。

为什么旗鱼游得非常快

哪种鱼是海洋中游得最快的鱼?答案毫无疑问是旗鱼。旗鱼属食肉鱼类,生性凶猛,身长达2米~3米,身体钝圆粗壮,呈纺锤形,尾部呈"八"字形,形状如一柄大镰刀。突出的尖牙构成了它的上吻,背上有两个互相分离的背鳍。另外,流线型身体有助于旗鱼的加速游动。当旗鱼加速游动时,它将大旗状背鳍收叠藏于背部凹陷处的沟里,借此减少阻力。正是由于旗鱼独特的身体结构,让旗鱼成为了世界上游得最快的鱼。

旗鱼的速度

旗鱼,作为世界上游速最快的鱼,游行时速达到110千米。

最大的比目鱼

最大的大西洋大比目鱼可长达2米，重325千克。

为什么比目鱼的眼睛长在一侧

如果你察觉到了比目鱼眼睛是长在一侧的，你一定会充满好奇地问：这是为什么？

其实，这是它们为适应生活环境而做出的改变。新孵化出来的小比目鱼的眼睛其实是长在身体两侧的。而当它们身长大约到1厘米时，身体各部位的发育变得不协调，比目鱼便开始侧卧在海底生活。同时，比目鱼下面一侧的眼睛就开始渐渐向上移动，经过脊背到达上面，和上面的那只眼睛并列在一起。而比目鱼的两只眼睛长在一侧，这对它们发现敌害和捕捉食物是非常有利的，这也是其他鱼类所望尘莫及的本事。

揭秘自然界的动物王国

鳄鱼的分布环境

鳄鱼属脊椎类爬行动物，分布于热带到亚热带的河川、湖泊、海岸中。

为什么鳄鱼要流眼泪

生活中，你一定时常听到这样的话："别相信他，他流的是鳄鱼的眼泪。"原来，鳄鱼流眼泪并不是出自悲伤，而只是它们把体内多余的盐分排出的一种生理现象。由于常年都生活在高盐度的海水里，鳄鱼必须要将体内多余的盐分排出才能生存。鳄鱼排解盐分的部位叫做"盐腺"，鳄鱼的盐腺长在眼睛的旁边。这种盐腺的中间是一根导管，并向四周辐射出数千根细管，它们和鳄鱼体内的血管互相交错，至此血液中的盐分就被分离出来，然后再通过中央导管排出体外。有时，鳄鱼在捕食的时候，盐腺同时在排出盐分，因此，我们就会看到鳄鱼流眼泪。

鳄鱼都有哪些价值

鳄鱼是生态价值、科学价值和经济价值极高的野生动物。

为什么鳄鱼爱吞石块

有记录表明，鳄鱼胃里的石块重量，约占鳄鱼体重的百分之一，而这个百分比并不随鳄鱼年龄的增长而改变。那么，究竟是什么原因让鳄鱼有了爱吞石头的习惯呢？

原来，这些石头可以帮助鳄鱼磨碎食物，还可以起到"镇仓物"的作用，有了腹部存储的这些石块，鳄鱼才会在水中保持安全平稳，不易发生被激流冲走的危险，并且这也对鳄鱼游泳有帮助。

● 揭秘自然界的动物王国 ●

为什么鳄鱼不属于鱼类

鳄鱼的名字里有"鱼"字，很多人就不假思索地认为，鳄鱼是一种鱼，其实不然，鳄鱼属脊椎动物爬行虫纲，是祖龙现存唯一的后代，它不属于鱼类，为什么呢？

因为它是可以生活在水陆两地的两栖动物，有"爬行类之王"之称。它偏好吃水中的昆虫、甲壳类、鱼类、蛙类和蛇类，也会捕捉小鸟和小兽吃。鳄鱼靠肺呼吸，由于体内氨基酸链的结构，它的供氧储氧能力较强，因此具有长寿的特征。鳄鱼平均寿命一般高达150岁，在爬行动物中寿命算是长的。

鳄鱼分布在哪些地带

鳄鱼属脊椎类爬行动物，分布于热带及亚热带的河川、湖泊、海岸中。

为什么蜗牛爬过会留有亮亮的痕迹

你喜欢蜗牛吗？仔细观察过它的生活吗？如果你有，就会发现一个现象：在蜗牛爬过的地方，都会留下一条亮亮的痕迹。这又是为什么呢？

这是因为，在蜗牛的腹足下面藏有很多腺体，当蜗牛爬行的时候会自动分泌出黏液，留在地面上，这种黏液像是胶水，在遇到空气的情况下，立即会变得干燥发亮。

蜗牛具有哪些价值

蜗牛具有很高的食用和药用价值。营养丰富，味道鲜美，属高蛋白，低脂肪，低胆固醇，富含20多种氨基酸的高档营养滋补品。

揭秘自然界的动物王国

在遇到海蜇的情况下，如何躲避侵害

下海游泳或在海中乘船者若发现海蜇千万不可碰触，更不能捕捞，因为在海上一旦发生意外，更不易抢救。一旦被海蜇蜇伤，伤者切不可惊慌，只要及时到医院诊治，一般都能较快好转和痊愈。反之，如果被蜇伤者举措失当或大意麻痹，则易出现溺水、跌伤或因救治不及时而发生危险和加重病情。

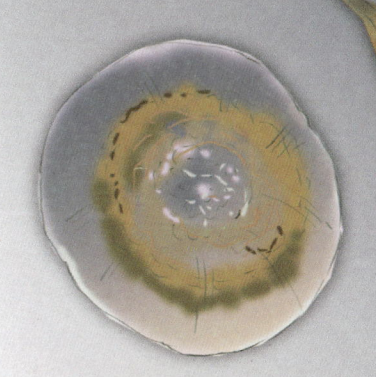

为什么海蜇没有眼睛却能够看见东西

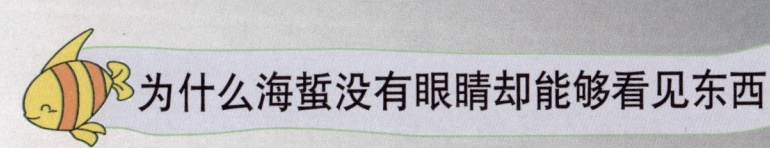

虽然海蜇没有眼睛，但是你也不用担心它看不见东西。为什么呢？因为在海蜇的身上依附着一种小虾，叫做海蜇虾。海蜇虾有着十分敏锐的视觉器官，每当它们遇到敌人时，会及时快速地做出反应。而海蜇虾在海蜇的身上一旦发生移动，海蜇马上就会感觉到，接着便迅速沉到水底，从而逃避敌害。另外，海蜇的脑袋下长有很多触手，在这些触手上布满了刺细胞，它们能分泌出一种有毒的液体，在小鱼、小虾碰到这些触手的情况下，即刻就会被麻痹并失去知觉，成为海蜇的美餐。靠着这些海蜇虾和犀利的触手，海蜇便可以在海里自由畅行了。

盲鱼的外形特征

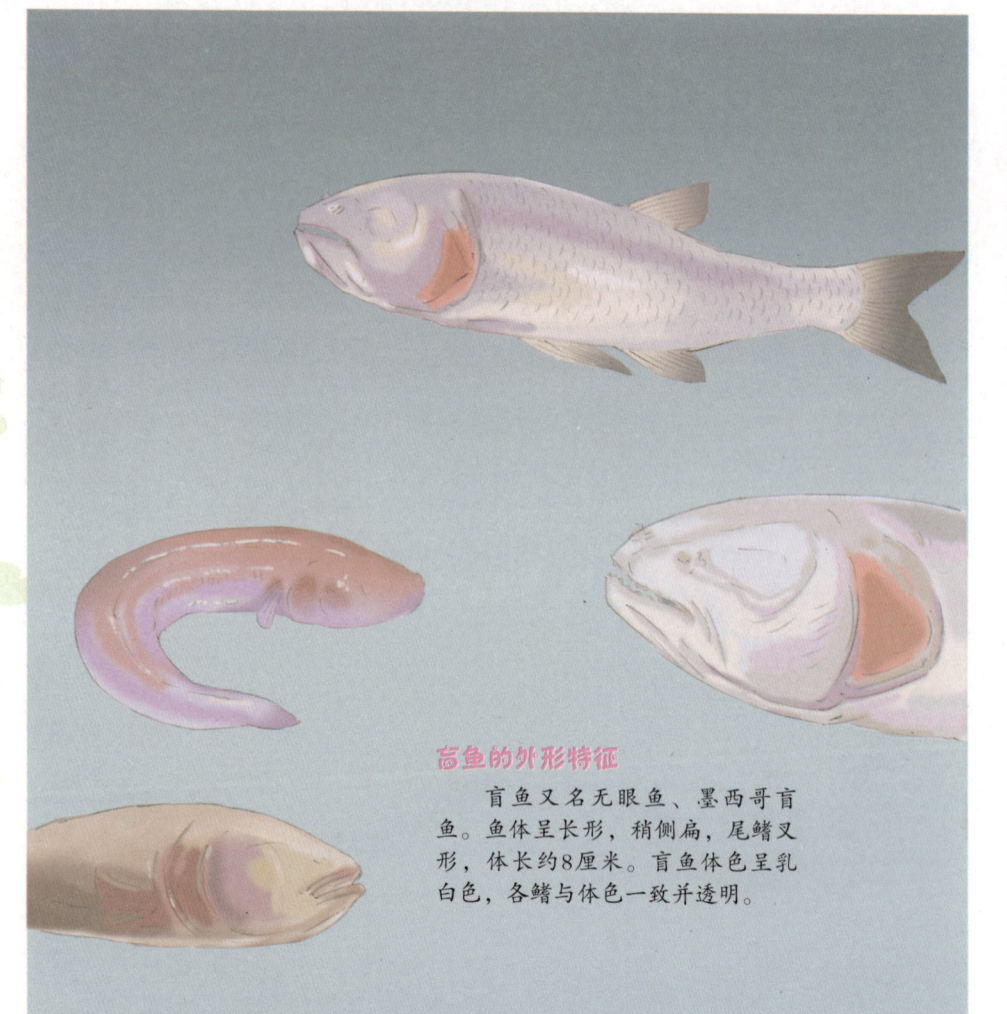

盲鱼又名无眼鱼、墨西哥盲鱼。鱼体呈长形，稍侧扁，尾鳍叉形，体长约8厘米。盲鱼体色呈乳白色，各鳍与体色一致并透明。

为什么盲鱼没有眼睛却可以生活

就如同失去双眼的盲人一样，鱼类中也有眼睛看不见东西的品种，它们叫做"盲鱼"。你一定会好奇，这种鱼如何生活？

其实，盲鱼拥有极其发达的嗅觉和触觉，在敏锐的嗅觉和触觉的引导下，盲鱼在黑暗的海底同样能畅游无阻。盲鱼除了没有眼睛这个缺陷外，还有许多鲜明的特点。比如，它们拥有粉红色、光滑的身体，嘴边长着四根短短的胡须，尾鳍分成了一个小叉，身子是半透明的，透过它们的身体，甚至能看到它们的脊椎和内脏。

揭秘自然界的动物王国

为什么海豹是"出色的潜水员"

有着"出色的潜水员"之称的海豹，可是名不虚传。它们可以在水下待上70分钟，能够潜到水下1000米或是更深的地方。当海豹们发现要捕捉的食物时，就会凭借它们光滑的流线型身体、灵活的鳍肢，在水中改变游动的方向，快速追逐目标，这也是它们逃避敌人追杀的好方法。

海豹的地理分布

海豹主要分布在北极、南极周围附近及温带或热带海洋中，目前所知10属，19种。海豹分布于全世界，在寒冷的两极海域都有，南极海豹生活在南极冰源，由于数量较少，南极海豹已被列为国际一级保护动物。

为什么鲸和海豚不是鱼

如果你以前认为,能够在水里游的都是鱼,那么,你就大错特错了。比如鲸和海豚就不是鱼,两者都属于海洋大型哺乳动物。为什么呢?

这是因为鲸和海豚不使用鳃呼吸,而是用肺呼吸的。鱼是采用产卵的方式,产出小鱼再变成大鱼,而鲸和海豚则不同,它们是胎生的,小鲸和海豚是吃妈妈的奶长大的,所以,我们有理由判定鲸和海豚都不是鱼。

鲸的体形大小

鲸的体形差异很大,小型的体长都有6米左右,最大的则可达30米以上,最重的可达170吨以上,最轻的也有2吨。

揭秘自然界的动物王国

为什么海豚不睡觉

作为人类,我们深知睡眠对于我们的必要性。而在鱼类中,偏偏存在着一种"不眠的动物",它就是海豚。

海豚拥有着无以类比的睡眠习惯。当海豚在睡眠的时候,大脑两半球处于明显不同的状态中:当一个大脑半球处于睡眠状态时,另一个却在清醒中;间隔大约十几分钟的时间,大脑两边的活动方式会相互更替。因此我们不得不感叹这种奇怪的睡眠方式。

小博士趣闻

海豚的潜水本领如何

海豚拥有异乎寻常的潜水本领。据专家测验,海豚的潜水记录是300米深,而人不穿潜水衣,只能下潜20米。

为什么鲸鱼会搁浅

每年鲸鱼搁浅的奇观都会吸引很多人的目光,几百头甚至上千头鲸鱼同时在海岸边搁浅。人们好奇的同时也充满疑惑:是什么原因导致出现这样的景观?

如今,这还是动物王国中一个最大的难解之谜。人们大都认为,这是由地球磁场的变化引起航向发生问题导致的,不过也有人猜想,这是鲸类动物的集体自杀。而我们相信,每次发生鲸鱼搁浅的原因都可能不同,因为这受到鲸的种类、发生搁浅现象的地点等因素的共同影响。

鲸鱼是恒温动物还是变温动物

鲸鱼的体温是恒定的,平均为35.5℃,无论在冷水域或热带海区都维持这一体温。

揭秘自然界的动物王国

为什么宽吻海豚特别聪明

你也许不会相信，有些技巧机灵的猴子都要练几百遍才能学会，而宽吻海豚只要训练20次就能运用自如。是的，不用怀疑，宽吻海豚就是这么聪明。在动物中，宽吻海豚的绝对脑重堪称第一。它的脑重量达到1.6千克，甚至超出人脑0.1千克。一个奇特的现象是，宽吻海豚大脑的宽度超过了长度，这也是它有别于其他动物的显著标志。

宽吻海豚的外形

宽吻海豚长着和鱼一样的流线型身体。它的皮肤光滑无毛，体背面是发蓝的钢铁色和瓦灰色，腹部有很明显的凸起。

为什么说海象的牙是"特殊的工具"

如果你只知道牙的功能是咀嚼食物，那么，牙作为海象的"特殊工具"，却有诸多用途。

海象喜欢吃贝类，所以它经常潜入海底，把长牙插入泥沙中，掘出贝类来吃。此外，长牙还是海象的武器，海象为了保护幼象仔，将长牙当武器，把危险的敌人赶走或是刺死。此外，雄海象在求偶的时候，牙还会派上用场。海象会用长牙互相角斗，在水下游泳时，海象要用长牙凿洞来呼吸，在冰上行走时，海象也要借助长牙的力量。所以，海象的牙真是名副其实的"特殊的工具"。

海象的潜水本领如何

海象一般能在水中潜游20分钟，潜水深度达500米，个别的海象，可潜入1500米的深水层，大大超过了一般军用潜艇，后者至多可下潜300米。海象在潜入海底后，可在水下滞留两小时，一旦需要新鲜空气，只需3分钟就能浮出水面，而且无须减压过程。

揭秘自然界的动物王国

为什么海象的皮肤会变红

科学家们经过对海象的跟踪拍摄发现，海象的皮肤会发生变化。这是怎么回事呢？

当海象在海水里活动时，它的皮肤颜色是灰褐色的，而过一段时间，当它爬回陆地晒太阳时，皮肤的颜色又会变成玫瑰红或紫红色。因为海象长时间地晒太阳，血液循环会加速运转，静脉血管逐渐扩张，皮肤就由灰褐色变成红色了。

海象的居住环境

北方海象主要生活在美国西部海岸。它时而出现于大陆沿岸，时而又出现在夏威夷群岛。南方海象群的漫游路线是往返于南美洲和南极洲之间。

为什么说鲸鱼的身上样样是宝

你了解鲸鱼吗？你是否知道，鲸鱼是世界上最大的动物且身上样样都是宝？

利用鲸鱼的身体中提炼出的油，我们可以制作成日常用品：肥皂、蜡烛、颜料等；利用鲸鱼的外皮，我们可以制成皮箱、皮鞋、皮包等一些皮制品；鲸鱼肚子上的皮还可以做电影胶片；利用鲸鱼的肝，我们可以提炼出小朋友生长发育的必需品——鱼肝油；此外，利用鲸鱼的骨刺，我们可以磨成粉做肥料；利用鲸鱼的牙齿和须，我们可以制成各种装饰品。而不同的鲸鱼有着不同的用途。如利用抹香鲸肠子里分泌出的液体，我们可制成高级香料和镇静剂的原料。鲸鱼的确浑身是宝，可是它的繁殖速度很慢，所以，人类要尽全力保护鲸鱼，不要让它受到伤害。

鲸鱼的种类有多少

鲸鱼的种类很多，全世界有80余种，我国海域有30多种。一般都将它们分为两类。一类口中有须无齿，称须鲸，共11种；另一类口中有齿无须，叫齿鲸，共70多种。鲸鱼的体长从1米到30多米不等。

揭秘自然界的动物王国

为什么鲸鱼和海龟有流眼泪的习性

　　鲸类和海龟都有"流眼泪"的习性，那是什么原因惹得它们如此"伤感"呢？

　　原来，在鲸鱼眼中有一种能分泌出脂油眼泪的腺体，流出的"泪水"把含盐的海水隔开，使它们和其他哺乳动物的眼睛不同，不会因为长期浸泡在海水里而产生疼痛感，这是鲸类适应长期海洋生活做出的改变。而海龟"流眼泪"也是自身的一种保护现象，完全不是因为要被宰杀而感到伤心流泪。海龟在海里吃海藻，喝海水，体内的液体和血液中会积累很多的盐分，海龟就是靠眼泪把盐分排出体外，以保持体内外盐分平衡。

最大的海龟和最小的海龟

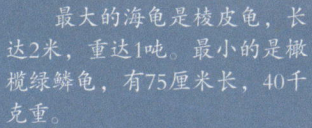

小博士趣闻

　　最大的海龟是棱皮龟，长达2米，重达1吨。最小的是橄榄绿鳞龟，有75厘米长，40千克重。

鲸类中的"语言大师"

虎鲸能发出62种不同含义的声音。例如在捕食鱼类时,会发出断断续续的"咋嚏"声,如同用力拉扯生锈的铁门窗铰链的声音一样,当鱼类听到这种声音后,其行动就会变得失常。

为什么说虎鲸是最凶猛的海兽

知道了老虎是森林之王,你一定还想知道,世界上最凶猛的海兽是什么呢?答案是虎鲸。

虎鲸身长9米,大概有一辆公共汽车那么长,样子与其他鲸相似。特别之处在它的背鳍,高度达到30～40厘米,形状像一个三角形,起着方向盘的作用。同时,它还用这极大的背鳍和它上下颌内10～13个庞大有力、尖而圆的锥状牙齿合力进攻它们的劲敌。虎鲸不喜欢独居,往往三四头或三四十头生活在一起,这种生活习性也为它们捕获食物提供了方便。就算是巨大的蓝鲸也摆脱不了虎鲸的集体围攻。虎鲸除了吃蓝鲸外,连海豚、海豹、大型鱼类和企鹅等动物也不放过。如同海中强盗一样,坏事做尽,人们都称它为"恶鲸"。

揭秘自然界的动物王国

抹香鲸的潜水本领如何

抹香鲸这种头重尾轻的体形极适宜潜水，加上它是巨大的头足类动物，它们大部分栖于深海，抹香鲸常因追猎巨乌贼而"屏气潜水"长达1.5小时，可潜到2200米的深海。

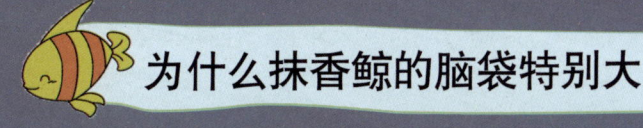

为什么抹香鲸的脑袋特别大

如果你对抹香鲸感兴趣，你一定了解：占其全部体重（60～100吨）1/3的抹香鲸的头部，创下了一项世界记录。那么，如此之大的脑袋，又有着什么用途呢？

首先，是为了调整身体浮力。解剖开这个巨头，发现其中9/10的容积是一种"鲸蜡组织"，它是一种由肌肉和系膜构成的"大袋子"，里面盛满呈液状的鲸蜡。据有关测试显示：这有血管穿过的"鲸蜡组织"的温度，比其整个体温低3℃，这对抹香鲸有很大的用处。研究还指出，实际上，抹香鲸的大脑袋起着其他鱼类体内的鱼鳔的作用。

123

为什么说"美人鱼"只是神话

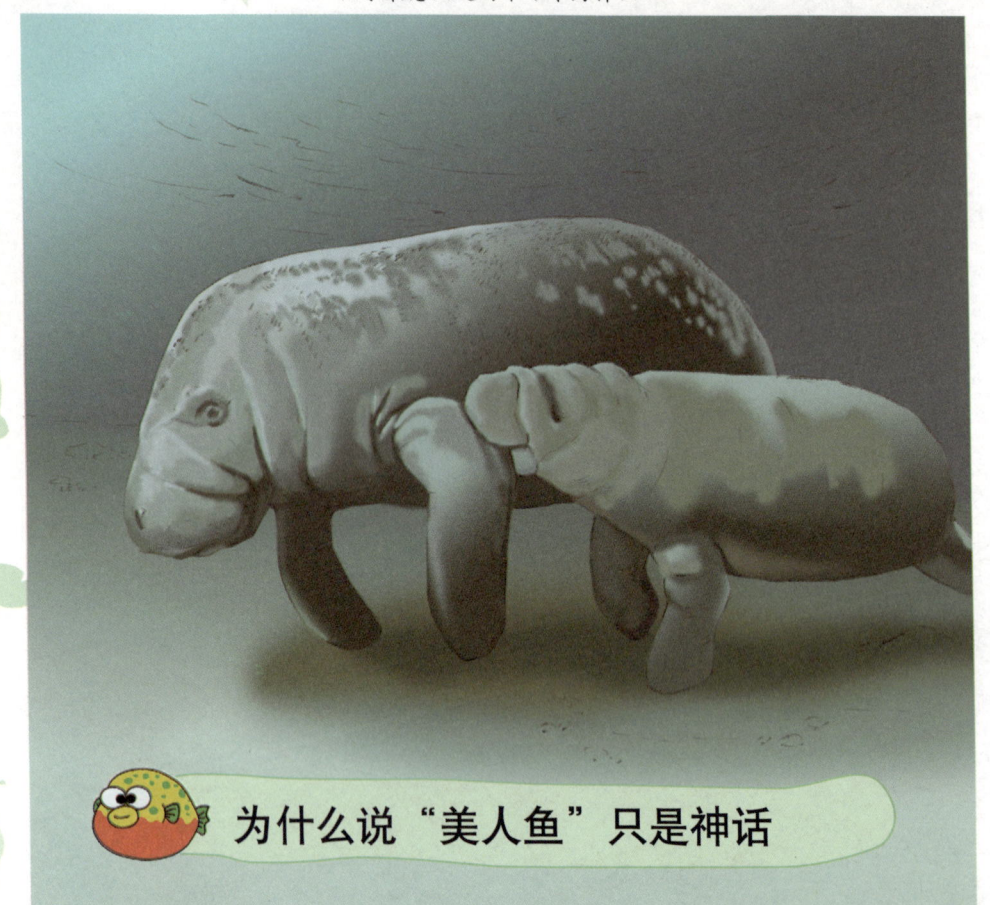

我们都听说过"美人鱼"的故事，你相信这世界上真的有美人鱼吗？

其实，我们听说的"美人鱼"并不是鱼，而是海牛，一种生活在海洋中的哺乳动物。海牛有着奇特的外形，小小的眼睛向下垂着，厚厚的嘴唇向上翘起，鼻孔都要长到头顶上了。你又会纳闷了，这么丑陋的东西怎么被称为"美人鱼"呢？

原来，在海牛的腹部长有两只如同人类双手的前肢，雌海牛还有一对与人类很相似的乳房。雌海牛在给小海牛喂奶时，总是用双手抱着小海牛斜浮在大海中，从远处观望，这就像是一位抱着孩子的母亲的景象。时间久了，人们就将它们美化并称为"美人鱼"了。

海牛是怎样呼吸的

海牛的两个鼻孔都有"盖"，当仰头露出几乎朝天的鼻孔呼吸时，"盖"就像门一样打开了，吸完气便慢条斯理潜入水中，平时总是慢吞吞不知疲倦地游动，有时也爱翻筋斗，但动作迟缓。

揭秘自然界的动物王国

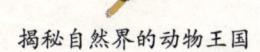

为什么海狮喜欢吃石头

关于海狮喜欢吃石头的解释，一直是众说纷纭。

有一种解释说，海狮这样做是为调节身体平衡，石头的重量，达到降低海狮体内脂肪的浮性的作用。还有解释说，海狮胃里的石头是用来帮助消化食物的，作用就像鸡和鸟嗉囊里的小碎石一样。鸡嗉子里的碎石可以磨碎谷物，而海狮胃中的石头则帮助弄碎橡胶似的鱿鱼肉。

不过更多的人支持下面这个解释，即认为这样做是为了打掉肠胃里令人厌恶的寄生虫。因为饱受绦虫和线虫的侵害，海狮要用石头把胃肠里的寄生虫磨烂。不过，它们不是像鸟雀一样，把吞下去的石头最终消化掉，而是在石头功用殆尽之后，还要从胃中反上来吐掉。遗憾的是，到目前为止，为什么海狮爱吃石头还没有一个统一的论断。

为什么海马是最不像鱼的鱼类

海马属于鱼类吗？答案是肯定的。因为它具备了鱼类的几个主要特征：有鳍、鳃，卵生或卵胎生，有骨骼。所以海马尽管长相奇特，但它确实是鱼类的一种。

海马之所以是最不像鱼的鱼类，是因为它集合了马、虾、象三种动物的特征。它有马形的头，蜻蜓的眼睛，跟虾一样的身子，还有一个像象鼻一般的尾巴，皇冠式的角棱，头与身体成直角的弯度，以及披甲胄的身体，还有垂直游泳的方式，并且还是世界上唯一雄性产子的动物。

海马的形态特点

嘴巴呈尖尖的管形，口不能张合，因此只能吸食水中的小动物。它的一双眼睛，也是特别之处：可以分别地各自向上下、左右或前后转动。它的身体不用转动，即可用伶俐的眼睛向各方观看。有时候，一只眼向前看，另一只眼向后看，除了蜻蜓和变色龙之外，这是其他动物所不能做到的。

● 揭秘自然界的动物王国 ●

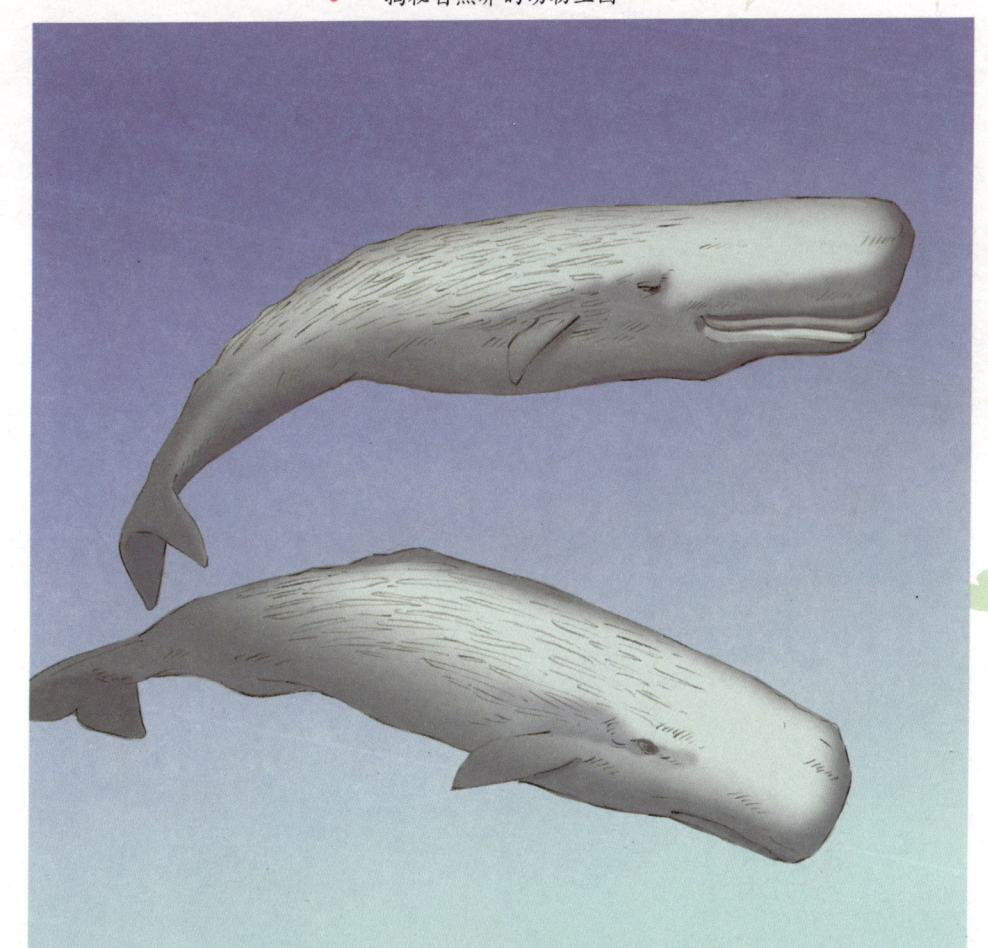

抹香鲸主要吃哪些食物

抹香鲸主食大型乌贼、章鱼，也吃其他的鱼类。

小博士趣闻

为什么抹香鲸能潜入深海

我们了解了抹香鲸的头部特别大的特点，还要知道抹香鲸有一个特别大的本事：那就是能潜入深海。

据资料显示：每秒钟抹香鲸的下潜距离达到170米，最深可潜2200米。令人惊叹的是，抹香鲸既能迅速下潜，瞬间上浮，又可在如此深的范围内上下反复潜游1小时。经观察分析，抹香鲸具备这种功能是它们在潜水时，胸部和肺部随外界压力增大而收缩的结果。

为什么说螺是"建造奇才"

人们把螺称为"建筑奇才",而它身上的螺壳就是它出色的建筑品。

螺壳的建造非常讲究,分内、中、外三层。内层很薄,采用文石做成;中层最厚,由方解石筑成;外层的壳面是轻薄的、粗糙的彩色角质层,并时常饰以花纹,被"设计"得光鲜亮丽。这层壳保护着主人松软、鲜嫩的肉体。螺壳的薄厚和结实程度,是根据所处自然环境来进行"搭配"和"加工"的。在多石的水底,为避免磨损,壳长得很坚固;有些螺是过飘浮生活的,这类螺的壳长得轻薄而灵巧;在多淤泥的水底,为了防止螺陷到泥里爬不出来,所以壳口和壳体长出许多刺,这样就没有闪失了。螺壳能御寒抵热,还能逃避侵害,又方便背着四处走,实在是一件建筑杰作,螺不愧为"建筑奇才"。

美味的螺肉

螺肉丰腴细腻,味道鲜美,素有"盘中明珠"的美誉。

揭秘自然界的动物王国

大量捕捞磷虾的危害

如果磷虾捕捞业不断扩大，势必危及到南极鲸类的生存，它们将不是死于捕鲸叉，而是死于饥饿。过度的捕捞将使南极脆弱的生态系统产生灾难性的后果，因为在那里，几乎所有的动物都直接或间接地依赖磷虾而生存。

为什么磷虾会发光

如果你游览过海洋世界，不可能对遍布各处的磷虾没有印象。它们大都有着透明的身体，没有爬行的本领，但游泳的速度却很快。取名为磷虾，是由于它们身上发散的点点的磷光。不了解磷虾的人，还以为这是一类大虾呢！

事实上，磷虾是小虾，长度仅有1厘米～2厘米，生活在南极的磷虾比较大一些，有的有4厘米～5厘米长，最长的磷虾长度达到7厘米左右。那么，磷虾为什么会发光呢？

这是因为，在磷虾的两个眼柄下面以及大多数胸足和腹足的基部，都有一种球形的发光器，发光器中央有能够发光的细胞。这样人们在深暗的海洋中，就可以看到很多的"小灯泡"在发出光亮，那便是磷虾群。

为什么蟹煮后会变成红色

吃过螃蟹的人都能发现，当螃蟹煮熟后颜色变成了红色。这是什么原因呢？

原来，螃蟹的颜色变化是它们甲壳下面真皮层中的色素细胞在起作用。当螃蟹煮熟之后，身体上原本的许多色素会被分解，而其中一种叫做虾红素的色素，不惧高温，而且在螃蟹身体内扩散，在表皮——甲壳上沉淀下来。因此，螃蟹煮熟后颜色就变成了红色。

螃蟹的繁殖方式

它们靠母蟹来生小螃蟹，每次母蟹都会产很多的卵，数量可达数百万粒以上。

揭秘自然界的动物王国

为什么海兽擅长潜水

当你对游泳运动员们精湛的游泳技艺佩服得五体投地时，会更加赞叹那些生活在海洋里，像海豚、鲸、海狮、海牛这样的哺乳动物，它们没有鱼鳃，却可以屏气几小时，潜入千米水深处。这些海兽们拥有如此本领的奥秘到底在哪里呢？

首先，因为没有鳃，海兽不能像鱼类一样利用鳃从水中摄取氧气，但它们的血液所占体重的比例远超过陆生动物，血液担负着输送与贮存氧气的功能，而海兽潜水所需的氧气，主要是以血液作为"氧气仓库"提供的。并且，海兽还具有摄取氧气能力强、效率高的特点。

其次，海兽潜水时其心律会明显变慢，周围的动脉血管收缩，血液重新分配。除了脑和心脏的血液循环完全保持正常之外，到达身体四周及肾脏等器官的血流则大大减少，甚至会全部中断。这样，才能保证海兽能够长时间潜水。

海兽主要包括哪些种类

海兽又称海洋哺乳动物，主要包括哺乳纲中鲸目、鳍脚目、海牛目以及食肉目的海獭等种类，它们都是重要的水产经济动物。

为什么海马有一对特别长的獠牙

　　大量分布于北极海域附近的海马，属海洋中的哺乳动物。如果你曾经留意过它们的外观，肯定会对它们身上的牙齿留下印象。无论是雄海马或是雌海马，上犬齿都十分发达，平行向下伸出，构成一对长獠牙。可别小看了这对獠牙，它们为海马的生存提供了必要的帮助。

　　海马的食物主要是海螺、海蜊、蛤等贝壳类动物。一般来讲，这些贝类动物都在泥沙中栖息，海马觅到这些食物时，首先要用牙把这些贝壳从泥沙中掘出，接着再用白齿咬碎贝壳，吃掉其中的肉。资料表明，一头海马一顿的食量要吃掉二十几千克的贝类，等于它要挖掘422平方米的泥沙。如此繁重的任务量，海马长长的獠牙起的作用便功不可没，同时，獠牙是海马防御敌人的重要武器。

海马的食性

　　海马靠鳃盖和吻的伸张活动吞食食物，饵料的大小以不超过吻径为度。对饵料的种类和鲜度有一定选择性。

揭秘自然界的动物王国

为什么鲸鱼在水里会喷水柱

在波澜壮阔的海洋上，你时常会看到鲸鱼喷出的银白色水柱，就像喷泉一样美丽极了。那么，鲸鱼为什么会喷水柱呢？原来，靠肺呼吸的鲸鱼，一般在海里停留半个小时左右，就得游出水面呼吸一次；有的仅10多分钟就得出来一次。每次鲸鱼浮出水面的时候，要先排出肺中的大量废气，这些气体有很大的压力，于是把接近鼻孔的海水喷出海面；同时发出像小火车的汽笛声一样巨大的声响。由于海面上的空气比鲸鱼肺中的气体凉，所以当鲸鱼肺中呼出的湿气遇到冷空气，就凝结成许多小水滴，形成雾状水珠。各种鲸鱼喷出的水柱高度、形状都不同，蓝鲸的喷水柱高达9～10米。捕鲸者除了可以根据海面上的水柱发现鲸鱼的踪迹，还可以根据水柱的高低和形状来判断鲸鱼的种类。

海龟是怎么呼吸的

龟类一般都是用肺进行呼吸，不管是水栖或陆栖龟，若在水中待得过久，都会因为缺氧而窒息死亡。而海龟在海中栖息时，肛囊通过节奏地收缩肛门周围的肌肉，使海水在肛门、直肠和肛囊间进出，从海水中摄取氧气。到了夜晚，海龟就躺浮在海面上睡觉，它们用肛囊呼吸就会暂时停止，而改用肺来呼吸。

如何分辨海龟的性别

海龟的性别是由温度的高低来决定的。当海龟在海边的沙滩上产完卵以后，用沙将海龟卵盖住，完全凭自然温度来孵化小海龟。温度高时孵出的是雌性，温度低时孵出的是雄性。在成年前，雌、雄海龟的体态是一样的。而雄性海龟成熟时，尾巴变长变厚，因为生殖器官就在尾巴底部。

为什么叫它"八目鳗"

你听说过"八目鳗"吗？它真的有八只眼睛吗？当然不是。

这样取名只是因为在八目鳗的头两侧有七个分离的鳃孔和眼睛排成一行，样子很像是八只眼睛，所以得此名字。八目鳗有圆筒形的身形，尾部侧扁，体长可达到60厘米。这可是一群强悍的家伙！在八目鳗的头下方有一个吸盘，呈漏斗状。在它的舌头上布满锐利的角质齿。一般情况下，八目鳗总是吸附在岩石上，只有在鱼游过来的时候，它们才会发动进攻猛冲过去，用吸盘将猎物紧紧吸住，紧接着伸出长有利齿的舌头撕扯猎物的身体，一直到吃饱才罢休。八目鳗吸盘的吸力很大，猎物一旦被它们捉到，很难摆脱接下来的厄运。

八目鳗的分布情况

部分时期栖息于海中，成长后游至淡水河流中产卵，为洄游性鱼类。常以吸盘吸附于其他鱼体上，吸食其血肉。分布在我国东北的黑龙江、乌苏里江、图们江、松花江等河流中。

为什么珊瑚和石油有密切联系

美丽的珊瑚不仅是人们观赏的美景，还提供了人类所需的石油能源，成为造福人类的财富。它究竟与石油有着怎样的联系呢？

石油生成的科学概念表明，生成石油的原始物质为古代生物的有机体。这些有机体就包括珊瑚体腔的软体组织，珊瑚出现在几亿年前并大量繁殖。这样，珊瑚的骨骼变成珊瑚礁，而它的体腔中的软体组织腐烂后沉入海底。在海底泥沙中经过千百万年，在一定温度和压力的作用下，转化成为了石油。此外，珊瑚的体腔和骨架之间的空隙还为石油提供了充足的储存空间。

广义上的"珊瑚"指什么

广义上的"珊瑚"不是单一的生物，它是由众多珊瑚虫及其分泌物和骸骨构成的组合体，即所谓非植物类的"珊瑚树"以及非矿物类的"珊瑚礁"。

揭秘自然界的动物王国

为什么叫它"斗鱼"

你是否知道有一种叫做"斗鱼"的鱼，它因何而得名呢？

这应该源于它生性好斗的品性，它可是个名副其实的水中斗士。当两条斗鱼在水中碰面时，它们不由分说便会厮打在一起，一定要争个你死我活或是两败俱伤才肯收手，更加让人难以想象的是，即使是把一面镜子放到一条斗鱼的面前，它也会不顾一切地对着镜子中的影像发起疯狂的进攻，直到撞得血流不止，场面异常惨烈。只是，斗鱼的好斗只表现在同性之间，而当一条雄斗鱼见了一条雌斗鱼，它便马上收起往日残暴凶恶的性情，变得谦和有礼。

为什么雌黄鳝会变成雄黄鳝

饲养过黄鳝鱼的人都知道，所有黄鳝鱼都要由雌性变成雄性的，黄鳝鱼怎么会有这样的本领？这究竟是怎么回事呢？

其实，这是黄鳝鱼的特性。每只黄鳝鱼刚刚出生的时候，都是雌性的。但是，等它们逐渐长大成熟，经过第一次产卵繁殖后代，便开始发生变化，等到第二年，就变成了雄性的黄鳝了。拥有黄鳝的这种性的变化特性的鱼很少。有的动物即使能够变化，那也只是极个别的现象。独一无二的只有黄鳝，全部都要从雌黄鳝变成雄黄鳝的。

黄鳝的国内分布

黄鳝广泛分布于全国各地的湖泊、河流、水库、池沼、沟渠等水体中。除西北高原地区外，其他各地区均有出现的记录，特别是珠江流域和长江流域，是盛产黄鳝的地区。

揭秘自然界的动物王国

为什么泥鳅总是爱吐泡泡

小时候你捉过泥鳅吗？每次下过雨，在积满雨水的池塘、泥坑里就会有许多泥鳅。如果你仔细观察，还会看见泥鳅有吐泡泡的现象，非常有趣。这是什么原因呢？

在一般情况下，泥鳅是用鳃在水中呼吸的。当水中缺少氧气的时候，用鳃呼吸就不能满足泥鳅的需求，这时泥鳅就会跳出水面，用嘴来吸气。然后把吸来的气送到肠子里，肠壁上的血管就把有用的氧气吸收了，其他一些没用的气体便顺着肛门排到水中。所以，水中就冒出许多气泡来，就是我们看到的泥鳅吐泡的场景。

泥鳅的鳞有什么特点

泥鳅头部无鳞，体表鳞极细小，圆形，埋于皮下。侧线鳞125～150枚。

美洲虎鱼的分布

美洲虎鱼只生活在南美洲的亚马逊河和奥里诺科河及其流域。

为什么美洲虎鱼很凶悍

你是否曾对美洲的虎鱼有所耳闻,这种鱼体长仅30多厘米,背部向中部隆起,颜色十分艳丽,颌骨呈三角形,非常地尖利和结实,喜欢居于深水中,以袭击各种动物甚至人类为生。把它们称为虎鱼,恰如其分。

美洲虎鱼有非常灵敏的感觉器官,当有人涉水过河,那么细微的波动也会引起无数虎鱼的注意,它们会成群结队迅速地向声源袭来。并且它们吞食猎物的速度快得惊人,半小时之内就可以把一整头牛吃得精光,仅留下骸骨。面对这种情况,人们赶着畜群过河的时候,就会采用"调虎离山"的办法,牺牲其中的一只或数只作为代价,把美洲虎鱼引开,让其他的人畜安全过河,否则,恐怕都难逃美洲虎鱼的"拦路抢劫"了。此外,美洲虎鱼的嗅觉也相当敏锐,在水中闻到有一点腥味,便会大批而至。就连受伤的鱼类留下的血它们也不会放过,而这种受伤的鱼,很快就成了它们的餐中物。

揭秘自然界的动物王国

为什么田螺和蜗牛不能生活在一起

田螺和蜗牛体表都有坚硬的外壳，软嫩的身体，相同的走路方式，连长相也很相似，可是田螺生活在水中，而蜗牛却生活在陆地上。是什么原因造成它们不同的生活习性呢？

首先田螺和蜗牛的呼吸器官完全不同。田螺的呼吸器官可以吸进溶解在水中的氧气，就像鱼鳃一样；而蜗牛的呼吸器官很像人的呼吸器，只能在陆地上呼吸。呼吸器官的差异，正是它们不能生活在一起的重要原因。

此外，我们还要知道，蜗牛是农业上的一种害虫，它嗜吃蔬菜，果树的芽、叶以及农作物的根、叶。而田螺是人们餐桌上的美食，它的肉味道鲜美，营养丰富。

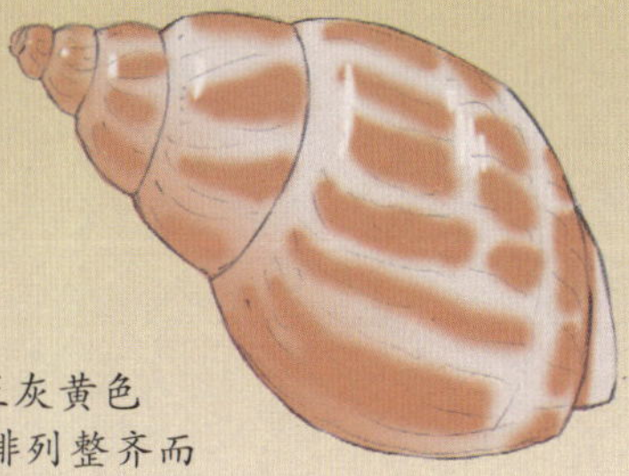

海螺壳的特点

海螺壳大而坚厚，呈灰黄色或褐色，壳面粗糙，具有排列整齐而平的螺肋和细沟，壳口宽大，壳内面光滑呈红色或灰黄色，主要用于水产捕捞，也可做工艺品。

为什么蚌长期闭着壳不会被饿死

生活中，你是否观察过蚌呢？它有一个非常奇怪的特性，你是否注意到了？那就是一旦离开水，它的两片坚硬的壳就紧紧闭在了一起。即使放在水中，也只看见它张开一条非常狭小的缝，唯独看不见它开口吞食物。蚌的两壳始终闭着，不吃任何事物，难道不会被饿死吗？

产生这样的顾虑是多余的，蚌不会被饿死，因为它随时都在吸收水中的氧气，吃水中的小生物。那它喝水的嘴在哪里？原来，在蚌壳后端的边缘有两个上下列的小孔。这两个小孔，一个是入水孔，另外一个是排水孔。水及水中的营养物质就是由水孔流入身体。体内消化吸收营养物质，再把废弃物由排水孔排出。那么，水是如何流入体内的呢？在蚌的身体外部密布着很多的纤毛，它们快速摆动，水就会不停地流入蚌的体内，蚌也不用到处游动，便能捕捉到食物。蚌的体内有了水分和养料这些储存物，所以在它离开水几周后的条件下也不会被闷死、饿死的。

蚌的种类

蚌是生活在江、河、湖、沼里的贝类，种类很多，一般常见的有两大类：一类喜欢生活在流动的河水里，它们的贝壳很厚，两个贝壳在背面相接合的部分有齿，壳的珍珠层较厚，叫珠蚌。另一类喜欢生活在水面平静的池塘里，它们的贝壳很薄，两个贝壳在背面相接合的部分没有齿，叫池蚌。

揭秘自然界的动物王国

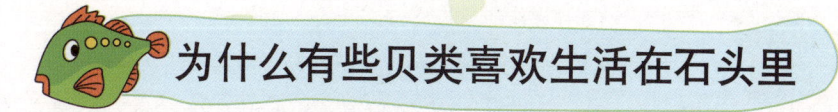

为什么有些贝类喜欢生活在石头里

我们人类都喜欢在安静、舒适的地方安家，那么，你知道石蛏和海笋这些贝类都在哪里安家吗？原来，它们喜欢在石头上凿洞，并选择安家生活在这里。这究竟是怎么回事呢？这与它们的生长发育是密切相关的。假设它们只吃食物而不凿石头，那么它们是没法长大的。凿石能促进它们生长发育。可是石头那么硬，它们是怎样凿洞的呢？

其中的奥秘就在于，这些贝类的足能分泌一种可以腐蚀岩石，使岩石变得酥软的酸性液体，它们用足和足管站在被腐蚀的岩石上支撑着身体，快速旋转贝壳，这样壳上的齿纹就会像锯一样不断地磨擦石面，最后钻成洞。海笋的凿石本领更大，由于它繁殖的速度快而且数量多，再加上喜欢群居生活，所以许多岩石被它们钻得像蜂窝一样。

只不过贝类们常用这一本领破坏港口、码头的一些建筑，而建筑者的对策就是多用一些贝类钻不动的花岗石来做材料。

为什么贝类身上要长壳

沙滩上五光十色的贝壳非常漂亮，很多人都喜欢珍藏它作纪念。那么你知道贝类为什么要长壳，它们的壳又是什么时候长的吗？

原来，幼小的贝类起先是没有壳的。它们在水中过着浮游生活，等到浮游7～10天，便潜入水底生活，一点一点地长出贝壳。它们在水中不断吸收水中的钙质，经过一年的时间，它们的贝壳便长全了。再有三四年的时间，它们的壳便与父母一样了。可是这些贝类的壳除了观赏价值外，还有什么用呢？由于贝类在海洋生物中算是个子小的，容易遭受敌人侵害或吞食。而这层外壳，就如同自我建造的一座坚硬的房子，达到保护自己不受伤害的目的。

贝类身上的壳数量、形状、结构相同吗

贝壳的数量、形状和结构变异极大，有的种类具有1个呈螺旋形的壳（如蜗牛、螺、鲍）；有的种类具有2片瓣状壳（如蚌、蛤）；有的种类具有8片板状壳，呈覆瓦状排列（如石鳖）；有的种类的1块贝壳被包入体内（如乌贼、枪乌贼）；有的种类的壳甚至完全退化（如船蛆）。

揭秘自然界的动物王国

为什么不能用手去摸癞蛤蟆

因为癞蛤蟆遍布全身的癞疙瘩，可让它背了不少黑锅，它不但没有得到青蛙那样受人青睐的待遇，人们还相传：摸了这癞疙瘩，手上就会长癞。其实，这是错怪癞蛤蟆了。在癞蛤蟆头部两边的毒腺里，能射出一种乳白色的叫做"蟾酥"的液体，蟾酥可以作为配制中药的材料。当人们去摸癞蛤蟆时，癞蛤蟆就会喷射出这种液体，而蟾酥弄到手上你也不用慌张，只要用水冲一下就可以了，完全不会出现长癞的情况。如果不小心弄到眼睛里，你的眼睛就会变得又肿又疼，所以小朋友要格外注意。

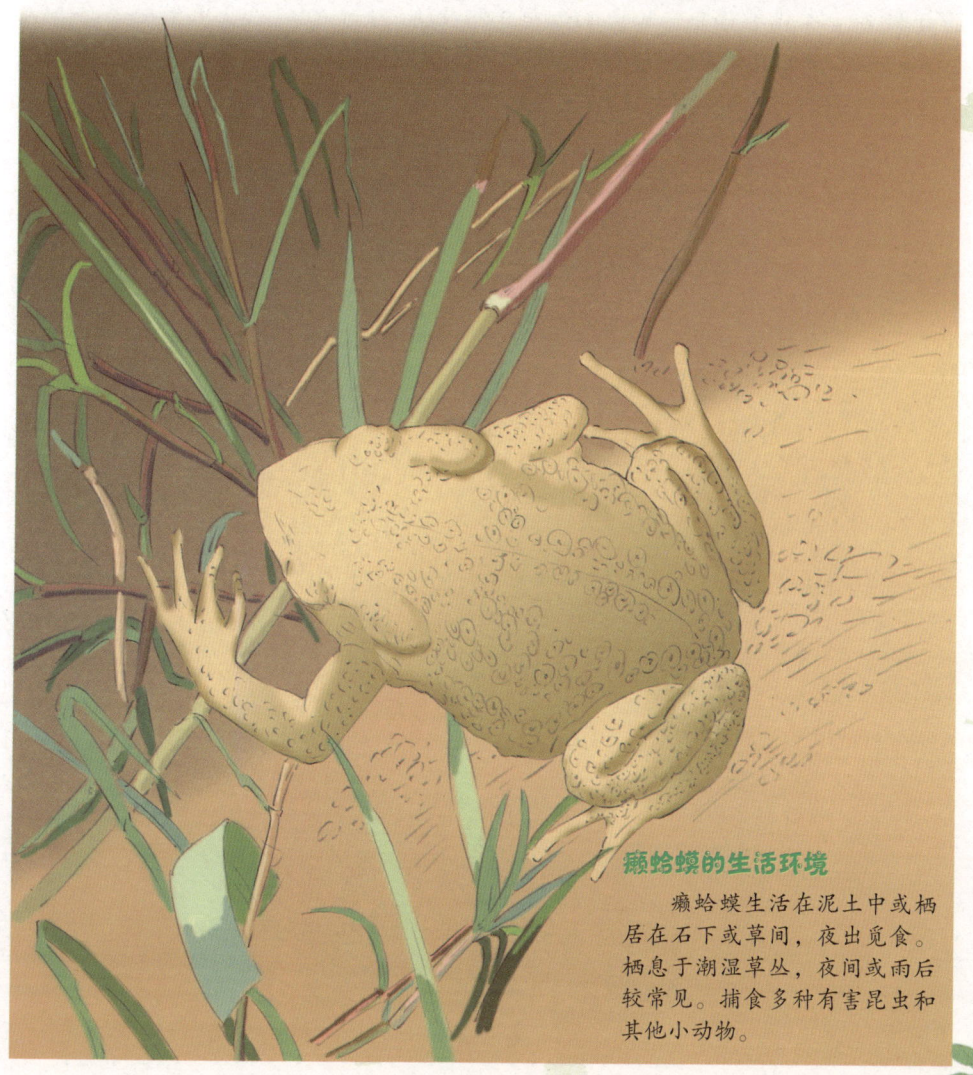

癞蛤蟆的生活环境

癞蛤蟆生活在泥土中或栖居在石下或草间，夜出觅食。栖息于潮湿草丛，夜间或雨后较常见。捕食多种有害昆虫和其他小动物。

为什么捞来的蝌蚪都变成了癞蛤蟆

"小蝌蚪找妈妈"的故事,你一定耳熟能详了,可是,捞到的蝌蚪长大后大部分都变成了不讨人喜欢的癞蛤蟆,而不是青蛙。为什么会这样呢?

首先我们来认识一下,青蛙和癞蛤蟆的蝌蚪究竟有哪些地方不同?有一个办法,就是从蝌蚪的身体和尾巴的形状来区分。

癞蛤蟆的蝌蚪:嘴巴是在头部的前下方,椭圆形的身体,尾巴很短。

青蛙的蝌蚪:嘴巴长在身体的最前面,圆形的身体,尾巴较长。

不过最简单的方法是从蝌蚪全身的颜色和活动的情况来区分。癞蛤蟆的蝌蚪全身乌黑铮亮,尾巴的颜色稍浅;这些蝌蚪经常聚集朝着同一个方向活动。青蛙的蝌蚪则是青灰色的,身上长有斑纹,它们避开群集,而是独自分散地在水里自由活动。

小蝌蚪长大尾巴怎么不见了

小蝌蚪长大以后尾巴被溶化掉了。因为在蝌蚪的体内有一种溶酶体,它的功效是能够溶化细胞外身体所含有的多余的物质。刚长出四肢的蝌蚪不能获取食物,而这时,尾巴对它们来说是多余的,所以它们就靠吸收尾巴中的营养物质为生,逐渐地,蝌蚪的尾巴就不见了。

揭秘自然界的动物王国

牛蛙的营养价值

牛蛙体大肉肥，是世界著名的肉用型蛙类，特别是蛙腿在国际市场很畅销。牛蛙除供人们食用外，蛙皮可制革，加工后的皮革经染色处理，可制成精美的皮鞋、手提包及手套等。

牛蛙的肤色为什么会改变

也许你在餐桌上见过牛蛙——肉质鲜嫩，含有丰富的氨基酸和维生素，还具有高蛋白、低脂肪的特点。而你又是否了解，活生生的牛蛙又具有什么特点呢？原来，牛蛙的肤色会随着季节的改变而不断变化。冬季和早春季节，牛蛙的颜色是深褐色；春夏季慢慢变成鲜绿色；等到了秋季就会变成淡褐色，再一点点变深。这样复杂繁多的颜色变化究竟是什么原因呢？

首先，这是牛蛙保护自己免遭敌害侵袭的需要，同时也为了觅食生存。是牛蛙在漫长的生物进化过程中适应环境形成的一个习性。

而牛蛙肤色改变的条件又是什么呢？资料显示，在牛蛙的身体里含有一种色素粒。它藏在皮肤细胞内，在季节交替、环境温度改变时，牛蛙体内的激素和神经系统会出现相应的反应，使色素粒聚集或分散。在环境温度升高时，色素粒会渐渐被集中到细胞的一个点上，致使肤色变浅；当环境温度下降时，皮肤细胞内的色素粒会分散开来，致使肤色变深了。

147

螃蟹都有哪些营养价值

螃蟹含有丰富的蛋白质及微量元素，可以起到滋补身体的效果。

为什么螃蟹断足后能重生

有一种有趣的现象：螃蟹被敌人夹住面临生命危险时，会毫不犹豫地将被夹住的足折断后逃跑，这么果断而勇敢的举措会不会给它带来麻烦，螃蟹以后会不会出现危险？

其实，这是螃蟹一种自我保护的本领，这是它们获取千钧一发的生机而迫不得已的选择。螃蟹足断后会从原来的断点复生，先长出个半球形物体，逐渐长成棒状，最后长成一只新足，只不过新足远比原来的足细小，好在新长的足同样具备取食、运动和防御的功能。

揭秘自然界的动物王国

为什么总是找不到螃蟹的头

如果你观察过螃蟹，就会发出惊叹，为什么只见螃蟹的腿而不见它的头啊？是的，螃蟹的腿部能被清楚地看见，而且功能十分发达。但是，它的头部就不同了。螃蟹的头与它的胸部连接在一起，形成了头胸部。在螃蟹的头上长着眼睛、触角以及小颚、大颚。当我们从外边看时，它的头部和胸部没有明显的界线，所以，才有了我们认为的螃蟹没有头部的错觉。

世界上最大的螃蟹和最小的螃蟹

地球上体形最大的螃蟹是蜘蛛蟹，它们的脚张开来宽达3.7米，最小的螃蟹是豆蟹，直径不到半厘米。

为什么海豚能救人

如果你只是喜欢海豚的外观,从今以后,你要重新认识一下这位"救人英雄"了。那么,为什么海豚会救人呢?有人认为,海豚救人是因为海豚生性好动。它们喜欢在深水与浅水之间来回游动,会把遇到的东西当玩具玩耍。如果在深水区遇上落水者,这些海豚就会顺便把人带到浅水区。也有人说,海豚救人的举动,源于它们爱护子女的天性。海豚是哺乳动物,胎生,用肺呼吸,小海豚刚出生时为防止它呛水,大海豚会把它顶出水面呼吸,海豚救落水的人是本能反应。也有人认为,海豚救人是一种见义勇为的行为。海豚很聪明,再加上它们善良的本性,当碰到遇难的人类求救时,海豚便会全力营救,所以有人说,海豚救人是一种有意识的行为。

海豚为什么可以终生不眠

海豚的大脑是海洋动物中最发达的。人的大脑占其体重的2.1%,海豚的大脑占其体重的1.7%。海豚的大脑由完全隔开的两部分组成,当其中一部分工作时,另一部分充分休息,因此,海豚可终生不眠。

揭秘自然界的动物王国

为什么说海豚是人类的好朋友

在很多人眼中,海豚是美丽精灵的化身,它们机智善良,性情乖巧。而且,它们还是仅次于人类智慧的物种,人们亲切地称它们为"海绵宝宝",把它们当作人类的好朋友。在经过有意识的训练后,海豚就可以为人们表演像跳高、钻圈、打球这种精彩的节目,除了观赏价值,海豚还能把掉到海里的人救出来,真是厉害!

世界上最小的海水鱼

世界上最小的海水鱼是小虾虎鱼,生活在印度洋中部的查戈斯群岛附近海域,成年雄小虾虎鱼平均长度0.86厘米。成年雌小虾虎鱼平均长度为0.89厘米。

为什么人们不能直接吃河豚

　　河豚的肉质鲜嫩,含有丰富的营养物质,深受人们的偏爱。需要提醒的是河豚含有剧毒,当人们吃河豚时,一定要除去它们的内脏、眼睛,剔除鱼鳃,剥去鱼皮,去净筋血,反复认真冲洗,这样才可以放心食用。可是,河豚的毒究竟藏在哪里呢?

　　原来,它的毒素主要存在于自身的性腺、肝脏、脾、眼睛、皮肤和血液等部位。而在众多部位中,卵巢和肝脏的毒性最强,肾脏、血液、眼睛、鳃和皮肤的毒性其次,而大部分弱毒或无毒的是精巢和肉。

哪个季节河豚的毒性最强
　　春季是河豚的产卵季节,这时它们的毒性最强。

揭秘自然界的动物王国

世界上寿命最短的鱼

世界上寿命最短的鱼是佛泽瑞尾鳉。这种鱼在野生条件下一般寿命为6个星期。

为什么冬季在养鱼的河面上要凿许多小孔

冬天在冰上滑冰或是经过河边行走时，细心的人会发现冰面上有被人凿过的冰孔。你有没有产生过疑问，为什么要凿这些孔呢？而这些冰孔又有什么用呢？

原来这样做是为了使冰孔下的鱼儿呼吸到更多新鲜的氧气。同人类一样，鱼也需要吸入氧气，呼出二氧化碳。通常情况下，空气和水相连，一部分空气可以溶解在河水里，供水中的生物吸收。可是到冬天，河面上结了一层厚厚的冰，把空气和水隔开。这时水中的鱼儿只能靠结冰前的剩余氧气来呼吸，过一段时间，水中的那些氧气就会越来越稀薄。如果在冰上凿出冰孔，那么空气中的氧气就会钻到冰下的水中，供鱼呼吸。

鱼类也有自己的语言吗

听过人类的语言、鸟类的语言，那么，你听过鱼类的语言吗？鱼虽然没有声带，但它们也可以发出声音，形成各种特殊的"语言"。

比如，鱿鱼经常发出像狗一样的嘶吼声；海马的语调和打鼓声有几分相似；小青鱼游动时会伴随着"唧唧"的叫声，而黄花鱼就更厉害了，能变换出各种声调。不过，它们的语言并没有特定的含义。有的发出声音躲避敌害或恐吓敌人；有的在产卵期才发声，目的是吸引异性的关注；有的则是因为发现了食物，发出声音来召集伙伴共同享用。而大多数深海鱼"说话"，是为了利用回声探测方位。

小博士趣闻

鱼类发声的工具

大多数的鱼都是靠体内的鱼鳔发声的。

揭秘自然界的动物王国

为什么生长在贝壳里的动物叫软体动物

让我们先来认识一下贝壳动物。它有非常多的种类，如在海洋里生活的蚌壳，在河流里生活的螺蛳，在陆地生活的蜗牛。其中有些贝壳非常大，可以供人类食用，也有的贝壳像米粒一样小；有的是单贝壳，也有是双贝壳的。而贝壳里的动物被称为软体动物，你知道为什么吗？因为它们的身体十分柔软，和别的有脊椎动物不一样。它们中大部分体内只有极少的骨质，又软又黏，完全没有自立能力，所以叫它软体动物。把自己藏在坚硬的贝壳里，是为了保护自己不让侵敌吃掉，它们的贝壳好像一座小房子一样。软体动物靠吃水上浮游物生存，一部分长身体，一部分长贝壳。

软体动物形态特征

软体动物的形态结构变异较大，但基本结构是相同的。身体柔软，具有坚硬的外壳，身体藏在壳中，藉以获得保护，由于硬壳会妨碍活动，所以它们的行动都相当缓慢。不分节，可区分为头、足、内脏团三部分，体外被套膜，常常分泌有贝壳。足的形状像斧头，具有两片壳，如牡。

155

鲸是鱼吗

鲸不是鱼，它是世界上最大的哺乳动物，主要生活在海洋里。鲸分为须鲸、虎鲸、伪虎鲸、座头鲸。

为什么蓝鲸要吃小鱼

作为世界上最大的动物——蓝鲸，身体十分庞大，最大的一条蓝鲸有12头大象那么大。然而有趣的是，如此巨大的蓝鲸，却不能吃大鱼，只能吃水中的小鱼、小虾。这到底是怎么回事呢？

尽管蓝鲸的个子大，可是它的嘴里没有牙齿，只有两排像刷子一样被称为"须板"的东西。当蓝鲸张开大嘴吞吃小鱼、小虾的时候，须板竖起来就会把小虾、小鱼留下来，而多余的水则从缝间排出去了。可是也有人担心了，蓝鲸的体形那么大，小鱼、小虾的体形那么小，蓝鲸能够吃饱吗？其实，这就像我们吃米饭一样，虽然每个米粒很小，可是食量多就吃足了。虽然小虾的身体都很小，但是大量存在于海洋中。由此一来，蓝鲸就拥有丰富的食物。蓝鲸身体那么大，一天吃掉小鱼和小虾达到四五吨，所以蓝鲸会吃得很饱的。

揭秘自然界的动物王国

为什么称它们为"医生鱼"

你听说过"医生鱼"吗？它真的能治病吗？在海洋中有很多小鱼能为人类治病，被称为"医生鱼"。像土耳其的一些温泉里就有医生鱼，它们的本领是给人类治疗各种皮肤病。当患病的人进入温泉时，医生鱼就会立即围上来，在患者的患处啃咬。估计要四五天的时间，受伤的部位经过温泉的浸泡和医生鱼的啄咬，皮肤上的硬皮就会逐渐脱落。接着，医生鱼便会吸食患者患处的血液，目的是为了清除毒素。几天的时间，令人痒痛难止的皮肤病就完全治愈了，并且不会再复发。

小博士趣闻

利用医生鱼治病应该注意什么

利用医生鱼治病一定要注意消毒，以免传染肝炎或艾滋病。

为什么海龟上岸产卵

生物研究者发现,海龟都是要上岸产卵的,这是为什么呢?原来,海龟没有鳃,在水里不能呼吸。万一它们把卵产在海里,那么刚孵出的小海龟就会因不能呼吸而死亡。还有,海水的温度很低,不能达到孵化小海龟所需温度的标准,并且小海龟在孵化过程中也需要空气,因此,海龟必须到岸上产卵,才能放心地孵化出小海龟。观测显示,海龟产卵的时间一般都是在夜里。当海龟爬上岸后,会先用前肢挖一个与自己身高差不多的大坑,然后伏在坑内,再用后肢挖一个大约宽20厘米、深50厘米的卵坑,将卵产在坑内,最后用沙子覆盖上。经过50~70天的等待,小海龟就出生了。

小博士趣闻

海龟的种类

海洋里生存着7种海龟,分别是棱皮龟、蠵龟、玳瑁龟、橄榄绿鳞龟、绿海龟、丽龟和平背海龟。现在,所有的海龟都被列为濒危动物。

揭秘自然界的动物王国

为什么热带鱼都很漂亮

热带鱼，一般都出生于热带水域和部分亚热带地区，是具有观赏价值的鱼类品种。这些热带鱼外表都很漂亮，这是什么原因呢？

原来在热带海洋中，有丰富的色彩鲜明的珊瑚礁和珊瑚树，而热带鱼为了躲避敌人的侵害，就要把自己"装扮"得五颜六色。这样在遇到敌人的时候，它们就可以隐蔽在珊瑚丛中，和周围的环境融为一体，从而混淆敌人的视线。

为什么海里见不到青蛙

你有没有过这样的疑问：为什么河里有那么多的青蛙，而在辽阔的海洋中却看不到它们的身影？

这是因为青蛙虽为两栖动物，肺部却不很发达，需要依靠皮肤来呼吸。它的皮肤经常分泌黏液，保持着潮湿的状态，至此，就能使外界空气中的氧和皮肤微血管中的二氧化碳进行交换，以补充肺呼吸量的不足，确保其体内水分的充裕。而海水咸度很高，会导致青蛙体内的水分通过皮肤渗出体外。当青蛙体内水分过多渗出，又得不到及时补充时，它们就有可能因"脱水"而死。由于以上原因，青蛙失去了在海洋里生存的条件。

青蛙什么时候最爱发出叫声

酷夏来临，青蛙一般都躲在草丛里，你偶尔能听见几声叫声，时间很短。当有一只青蛙在叫，接着就会有几只青蛙应和着一起叫。而青蛙是在大雨过后叫声最欢，有几十只甚至上百只青蛙会同时"呱呱——呱呱"地齐叫，声音既响亮又悦耳。

• 揭秘自然界的动物王国

为什么鱼儿在水里会游来游去

你一定很羡慕鱼儿可以在水中游来游去,那么,你了解鱼自由游行的前提条件吗?就像人一样。人要有强壮的身体、结实的双腿才能快速行走,而鱼在水中游动,主要是因为它有健硕的鱼鳍。鱼是靠鱼鳍来划水,使自己前进的,背鳍是用来保持身体的平衡。如果剪掉鱼鳍,大部分的鱼就无法游水了。而鱼两头尖、中间宽的体形,有利于减少水中的阻力,帮助鱼在水中游得更快。

小博士趣闻

哪种鱼最值钱

最值钱的鱼是苏联鲟鱼,1924年在齐格赫雅索那河捕到一条重1,228.52千克的雌鲟鱼,产出了245.61千克鲟鱼子,这些鱼子在1986年要值184,500美元,合到每千克748.9美元。